Python自动化接口测试自学手册

张挺　编著

中国铁道出版社有限公司
CHINA RAILWAY PUBLISHING HOUSE CO., LTD.

内 容 简 介

自动化接口测试以其容易实现，维护成本低，成为每个公司开展自动化测试的首选。本书主要介绍如何用 Python 语言调用接口进行自动化测试开发。

本书主要内容包括，Python 算法基础知识、自动化测试相关的网络原理、测试执行器的实际用法、如何用 Jenkins 持续集成进行接口测试，以及云计算、DevOps 等技术方面的知识。

本书内容通俗易懂，读者即使没有编程经验，也可通过对书中实例和习题的学习，很快上手学会自动化测试关键技术；不仅适合想要进入或转行测试开发行业的初学者阅读；还适合有一定经验的读者进阶使用。

图书在版编目（CIP）数据

Python 自动化接口测试自学手册 / 张挺编著 . —北京：中国铁道出版社有限公司，2020. 11

ISBN 978-7-113-26806-0

Ⅰ . ① P… Ⅱ . ①张… Ⅲ . ①软件工具 - 程序设计 Ⅳ . ① TP311. 561

中国版本图书馆 CIP 数据核字（2020）第 062095 号

书　　名：Python 自动化接口测试自学手册
Python ZIDONGHUA JIEKOU CESHI ZIXUE SHOUCE
作　　者：张　挺

责任编辑：张　丹　**编辑部电话：**(010)51873028　**邮箱：**232262382@qq.com
封面设计：MXK DESIGN STUDIO
责任校对：孙　玫
责任印制：赵星辰

出版发行：中国铁道出版社有限公司（100054，北京市西城区右安门西街 8 号）
印　　刷：北京柏力行彩印有限公司
版　　次：2020 年 11 月第 1 版　2020 年 11 月第 1 次印刷
开　　本：787 mm×1 092 mm　1/16　**印张：**15　**字数：**365 千
书　　号：ISBN 978-7-113-26806-0
定　　价：69.80 元

前　言

记得四年前，我在之前的公司给同事们做过一次 selenium（一个 Web 自动化测试工具）的培训。同事们听得很认真，对于每一个知识点我也讲解得非常细致；课后，当同事提出问题的时候，我非常耐心地进行讲解。当时的我，信心满满，心想这样细致地培训下来，大家一定会把自动化测试做得很好。

然而，我很快发现，这次培训并没有什么作用。不会写代码的同事还是不会写；有的同事学了后面的知识，忘了前面的；有的同事学了我教过的知识，但内容稍微一变化还是不会；有的同事看上去学习很认真努力，但并没有掌握关键技术；同时我还了解有很多人两年前只会写一点简单的自动化测试脚本，两年后仍然是这个水平。

这件事曾使我非常困惑，为什么这么细致地讲解了却没有效果。在后来的工作中，我逐渐意识到自学能力是问题的关键。我们在网上可以找到各种各样的学习资料，比如技术教程、相关书籍、微博资料、视频讲解、培训课程等，这些学习资料会很详细地讲解各种知识点，但并没有教给我们学习的方法导致遇到问题时不会自己解决。由此我萌生了编写一本自学手册的想法，指导对自动化测试感兴趣的读者如何自学这方面的知识。

本书的目标是：致力于把学习方法教给读者，通过对这本自学手册的学习，重点培养读者的自学能力，培养自己的学习习惯，掌握一套完善的学习方法。最终，使读者具备自主学习新技术的能力。

这本自学手册有三个特点

（1）练习式学习。书中会给读者布置很多小练习，并给予适当的提示。读者在完成这些小练习后，将会发现自己已经通过实践操作掌握了需要学习的知识。

（2）自助式扩展阅读。书中会给出搜索关键字，读者可以通过搜索引擎自行查找，通过这样的搜索实践操作来锻炼大家的信息搜索能力和信息筛选能力，这两种能力也是实际工作中非常实用的能力。

（3）循序渐进地学习。希望读者在学习过程中没有阻碍，遇到问题可以自己解决，从而自由顺畅地往下学，不会在某处遇到问题，之后的内容就会看不懂。本书并非一本大而全的百科全书，而是专门针对自动化测试选择实用、核心的知识点来讲解。

现在各种学习资料十分丰富，但正因为太过丰富，导致我们在学习时很迷茫，不知道应该先学哪个。本书基于这样一个学习困惑，帮助读者通过最短学习路径学会自动化测试。因此，书中选择当今主要的、使用广泛的接口测试作为切入点，带给大家一个从零开始到掌握接口自动化测试的完整学习流程。

全书结构大致安排

章节	分类
第 1 章 Phthon 基础知识	自动化测试概述，包括分类、学习路线、学习方法和职业发展
第 2 ~ 3 章 Phthon 基础知识	Python 语言基础，其中包含较多的实例和练习。这些基础内容为测试人员从手工测试逐渐进入自动化技术领域打下基础
第 4 ~ 5 章 接口测试部分	接口测试的基础知识和测试执行器的用法，作为测试框架搭建的基础
第 6 章 接口测试实战	接口测试框架搭建实战。测试对象是 Github，这个框架的所有代码也在 Github 上，并且会持续更新这个实战项目
第 7 章 持续集成	持续集成的工具 Jenkins，是把一个测试框架真正用于实际项目中的必需技术
第 8 ~ 9 章 知识进阶	关于新技术的展望，主要介绍了云计算和 DevOps 及它们与自动化测试的密切关系，都是近几年逐步开始流行，并正在高速发展的热门技术

感谢与意见

在本书的编写过程中特别感谢测试进阶社群成员们对我的支持和帮助。各位读者如果对本书中的内容有任何问题，可以发邮件给我：89507288@qq.com。

资源下载

为了方便不同网络环境的读者学习，也为了提升图书的附加价值，本书重要案例代码下载及视频讲解整理成下载包，读者可以通过以下方式获取：

1. 微信搜索公众号“测试进阶”，打开并关注回复“图书资源”，即可下载使用。
2. 网盘下载：https://pan.baidu.com/s/16Fa914wycB7KNCPN11_Jiw（提取码：qkbu）。

张　挺

2020 年 8 月

目　录

第 3 章 Python 基础

第 5 章 测试执行器

第 6 章 接口测试框架搭建实战

第 9 章 自动化测试相关技术演进方向

第1章

自动化测试概述

自动化测试，以技术的手段对软件测试中的各个环节进行自动化操作，从而达到提高测试效率的目的。本章将对自动化测试的整体现状做一个概述，带领读者初步认识自动化测试这一技术领域，了解如何开始学习自动化测试，以及学习自动化测试之后又能做什么工作。

1.1 自动化测试分类

自动化软件测试是一个较为庞大的技术领域，其中有很多细分工作，也有不同的分类方法。初入行的读者，在面对招聘网站上数目庞大的自动化测试相关岗位时往往会产生困惑：这些岗位有什么区别呢？

1.1.1 以测试对象分类

以测试对象分，不同的测试岗位测试的对象不同：如测试桌面应用程序（Desktop App）、测试网页（Web）、测试移动端应用程序（Mobile App）、测试服务端程序（Server-side App），等等。这些不同的测试对象衍生出了一系列的自动化测试岗位，比如Web自动化测试、App自动化测试、服务端自动化测试等。这种分类方式一般是用人单位在招聘网站上采用的方式。

1.1.2 以技术基础分类

以技术基础分，不同的自动化测试使用的技术基础不一样，可分为：基于图形界面（GUI, Graphic User Interface）的自动化和基于接口（API, Application Programming Interface）的自动化。

基于图形界面的自动化如图1-1所示，主要是通过模拟人对待测软件图形界面的各种操作来进行自动化操作。其中常见的工具有selenium，可以模拟人对电脑上浏览器的各种操作；Appium可以模拟人对手机App的操作。这里的模拟是模拟人手或鼠标做出的诸如“单击”“输入文本”“勾选”等操作。这种自动化依赖于待测软件的图形界面，因此会受到图形界面的制约，使得自动化测试脚本不稳定、不灵活。这是一种投入产出比相对较低的自动化测试。在过去十年内（2008—2018 年），其热度渐渐下降。

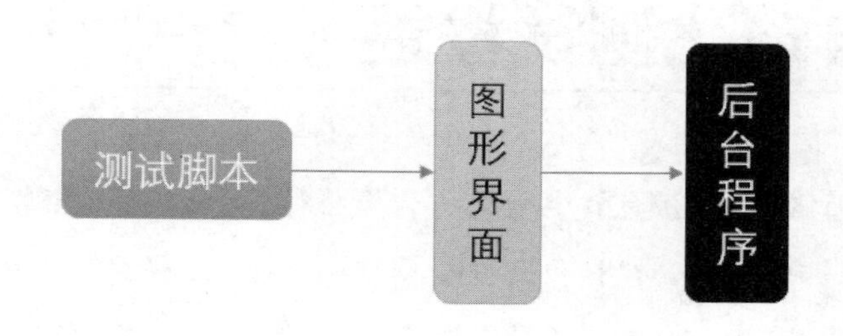

图 1-1　基于图形界面的自动化

基于接口的自动化如图 1-2 所示，这种测试跳过了软件的图形界面（如果待测软件有图形界面），直接通过接口对后台程序做操作。这种自动化因为不依赖图形界面而使自动化测试脚本的稳定性和灵活性得到大大提高。这种自动化测试也是当前业界的主流测试之一。

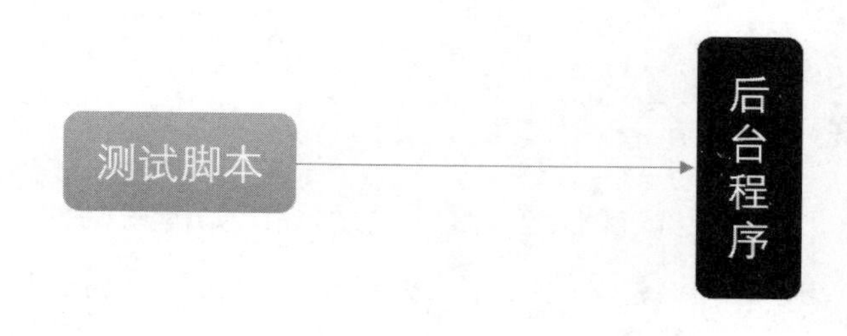

图 1-2　基于接口的自动化

1.1.3　其他分类方法

除了上述两种分类方法以外，业界还有一些其他的分类方法，这里列举其中几个例子。

- 按是否需要了解待测软件内部实现分为：黑盒、白盒、灰盒。
- 按职位级别分为：初级、中级、高级。

这些其他的分类方法都有其形成的特定原因，但我们应当看到的是，不同的企业，对同一个职位的要求不一样，级别或职位名大多不通用。不同企业的测试开发人员干的活可能完全不一样，所需要的领域知识和技术也可能完全不同。但是其中的技术基础和原理是有一定共通性的，所以一个合格的测试开发人员需要做到在掌握扎实的技术基础的前提下，掌握快速学习新技术的方法，这样才能胜任不同企业中的测试工作。另外，在过去的十年中，因为自动化测试的流行，现在市场上不需要掌握自动化技术的纯手工测试岗位已经越来越少了。不论你想从事或者正在从事哪一类的测试工作，都很有必要了解和学习自动化测试技术。

1.2　自动化测试学习路线和方法

每个人或者每个岗位的学习路线和方法都不尽相同，这里给出的是从接口测试入手的学习路线，以供读者参考。

1.2.1　学习路线

按照以下路线学习，读者将会快速提高自己的编程能力，掌握工作中所必需的自动化测试技术。

（1）初步掌握一门编程语言，建议选择入门较简单的 Python。

（2）学习接口测试基础知识，包括 http 协议等计算机网络知识。

（3）学习一个测试执行器，比如 unittest。

（4）学习接口测试框架的搭建。

（5）学习持续集成与配置管理。

（6）学习 Linux 操作系统基础。

（7）学习更多的库。

（8）学习更多的开发知识，包括前端和后端等，并应用于测试工具开发。

1.2.2　学习方法

在谈学习方法时，我们要明确以下两个学习目标。

- 掌握足够的技术基础。
- 掌握快速学习新技术的方法。

为了实现这两个目标，我们的学习方法需要有针对性。

首先，在学习的过程中，善用网络搜索，养成使用搜索引擎的习惯。网络搜索是技术人员在学习新技术和解决日常工作中遇到的技术问题时常用的方法。在本书中，会有一些开放式的章节练习题给出搜索关键字，并请读者使用这些关键字在网络上搜索相关资料进行拓展学习。

其次，对于基础技术要循序渐进地学习，既不要在初期过于钻研细节，导致花费过多的时间，也不要在学完一部分内容之后沾沾自喜，止步于此。在本书中，针对基础技术的学习将从零开始，选择简单的学习路线帮助读者快速入门。入门之后，读者仍然需要应用本书中的学习方法，进行后续第二轮、第三轮的学习。只有不断学习，基础技术才会越来越扎实。

最后，我们在学习编程的时候，需要亲自动手输入代码。前辈编写的程序代码，如果仅仅看一遍，是不能真正理解的。当我们在亲自动手输入代码的时候，往往会遇到一些暂时无法解决的技术问题。针对这些问题，再使用前面讲过的网络搜索的方式尝试寻找解决问题的答案，这就是技术能力提高的过程。

1.3 自动化测试人员的职业发展

当我们刚入行时，可能尚且不能独立完成工作，这时候的岗位头衔是初级工程师。当我们可以独立完成工作时，成为中级工程师。当能带领其他同事开展工作时成为高级工程师。岗位的头衔只表示我们对某个岗位的熟练程度，而本节要讲的职业发展则是针对个人选择的发展路线。

1.3.1 技术路线

技术路线是笔者较为推荐的职业发展路线，在这条发展路线上，我们的目标是提高技术。当技术提高之后，通过跳槽等手段提高薪资。技术路线是最容易提高薪资的个人职业发展路线。在一些大城市，掌握接口测试技术即可以找到月薪一两万元的工作。

（1）技术路线的初期，我们主要做的是 1.2 节中提过的，打下技术基础和掌握学习新技术的方法。有一些名校毕业的学生，可能在校期间就已经打下扎实的技术基础并掌握学习方法了。

（2）技术路线的中期，我们需要找到自己专攻的方向，并继续往这个方向进行学习，积累相关知识。这一阶段往往要积累的是一些需要花费较长时间才能掌握的知识，而这些知识也是有经验者和应届毕业生之间最大的差距。比如性能测试，这个技术领域发展的测试人员需要掌握各种操作系统、服务器、中间件、数据库等大型系统组件的性能分析和调优方法，不仅仅是会用一两个性能测试工具录制回放脚本那么简单。

（3）技术路线的后期，则是融会贯通各项工作经验方法的积累，成为特定领域的专家。这样的专家是需要了解软件架构的细节，并能针对不断出现的新技术拟定其测试架构。比如，前几年出现的云计算、微服务、容器、前后端分离等，每一个项目都可能会应用一项或几项新技术，测试技术专家必须了解这些架构的应用方法，并有针对性地设计测试方案和技术细节。

现在较为常见的技术发展方向有：性能测试、服务器端测试、App 端测试、Web 端测试、安全测试等。一般我们会选择其中几个技术发展方向来深入研究，实际工作中，往往会有各种各样的软件需求需要测试人员来实现：做功能测试的人可能突然被要求做性能测试，做网页测试的人可能突然需要做一些接口测试。因此测试人员涉及的技术面往往比较广泛，所以我们要和别人拉开差距，就必须更深入地研究。

值得注意的是，各个方向都需要自动化技术，我们很少会选择手工做这些测试，甚至其他岗位，如运维、数据分析等，也需要用到自动化技术。本书以接口测试技术为例介绍的自动化技术，对于从事各个技术方向的读者都有一定的帮助。

1.3.2　管理路线

管理路线是广大测试人员喜闻乐见的一条发展路线。笔者 2008 年刚毕业时，在工作中前辈就告知了我这样一条经典的管理发展路线，从测试工程师发展到测试小组长，最终到测试经理。

但事实是，这条管理路线是非常难走的发展路线。其中的问题主要有两个，第一个是竞争激烈，大家都想走管理路线，想做领导管理别人。但是管理岗位就只有这么几个，近年来管理扁平化的趋势又进一步使测试管理岗位大大减少。很多大公司的独立测试部门也被解散或调整在业务部门下面，这进一步限制了测试人员走管理路线的发展前景。第二个问题是管理岗位的测试人员跳槽相对技术岗位要难。选择管理路线，一旦遇到公司倒闭或被收购等情况，往往抗风险能力较差。笔者从业十余年，也遇到过公司被收购、倒闭、收购其他公司、合并等情况，而每一次变动都是对管理路线的测试人员进行抗风险能力的考验。

1.3.3　业务路线

业务路线和上面两条路线不同，意思是掌握业务为测试人员的核心竞争力。业务测试人员往往在工作一段时间之后产生迷茫。比如，“这几年过去了，我究竟学会了什么？”等问题。笔者参加工作的前几年也是从事业务测试，当时在一些测试论坛上，整版的帖子上都是“工作 × 年，好迷茫”之类的困惑，这也是当初笔者向技术路线转型的原因。

在此，给仍然在走业务路线的测试人员提供一些建议：除非你所处的领域和公司极其特殊，否则尽早向技术路线转型，或者转型为做需求的产品人员。因为在实际工作中，业务内容往往会变。笔者曾在一家很有名的光盘刻录软件公司工作，当时为好莱坞众多电影公司提供光盘刻录软件，谁曾想到若干年后连光盘都几乎没人用了。至于现在处于互联网世界中的业务，更是变化迅速。比如团购业务，当年有几百家团购公司，后来剩下来的也只有几家。P2P 业务，曾经如雨后春笋一样，奈何后来又纷纷出现问题。所以由于业务的变化太快了，如果测试人员以业务测试做核心竞争力，其风险是三种发展路线中最大的。

第2章

Python 环境搭建

我们学习自动化测试，按照之前介绍过的学习路线，从学一门编程语言开始。当前业界主流的编程语言有 Python 和 Java 两种。笔者更倾向于使用 Python，因为其入门简单、易学。本章将介绍 Python 语言的编程环境搭建，因现在软件更新速度较快，当读者读到这一章时，可能相关的软件安装方式和配置方式已经与书中所提及的不同。那么当读者遇到问题时，可以按照本章 2.4 节中介绍的方法，在网络上搜索问题，并找到解决方案。

2.1 安装 Python

我们要学习 Python 语言，首先需要安装 Python 解释器，这样就可以在电脑上运行 Python 程序了。值得注意的是，Linux 系统和 Mac 系统一般都自带 Python 软件，但版本不一定是当前最新的，有些系统自带的还是 Python 2，这里我们要学习的是 Python 3。

2.1.1 下载 Python 安装包

当我们需要安装一个软件的时候，一般有以下几种做法。

（1）从官方网站下载。

（2）从国内镜像网站下载。

（3）在搜索引擎上搜索关键字进行下载。

首先，从官方网站下载软件是最正规的方式之一。但是有些软件的官方网站在国外，我们从国内访问其网站的速度不理想。那么这种情况下，一般会寻找第三方提供的国内镜像网站来下载。而当遇到问题，不知道该从哪里下载，或者不知道其官方网站网址的时候，就需要在搜索引擎上进行搜索下载了。

登录 Python 的官方网站如图 2-1 所示，将鼠标移动到其首页导航栏的“Downloads”按钮下，会出现 Python 当前最新正式版的下载链接。我们一般使用这个链接下载 Python。

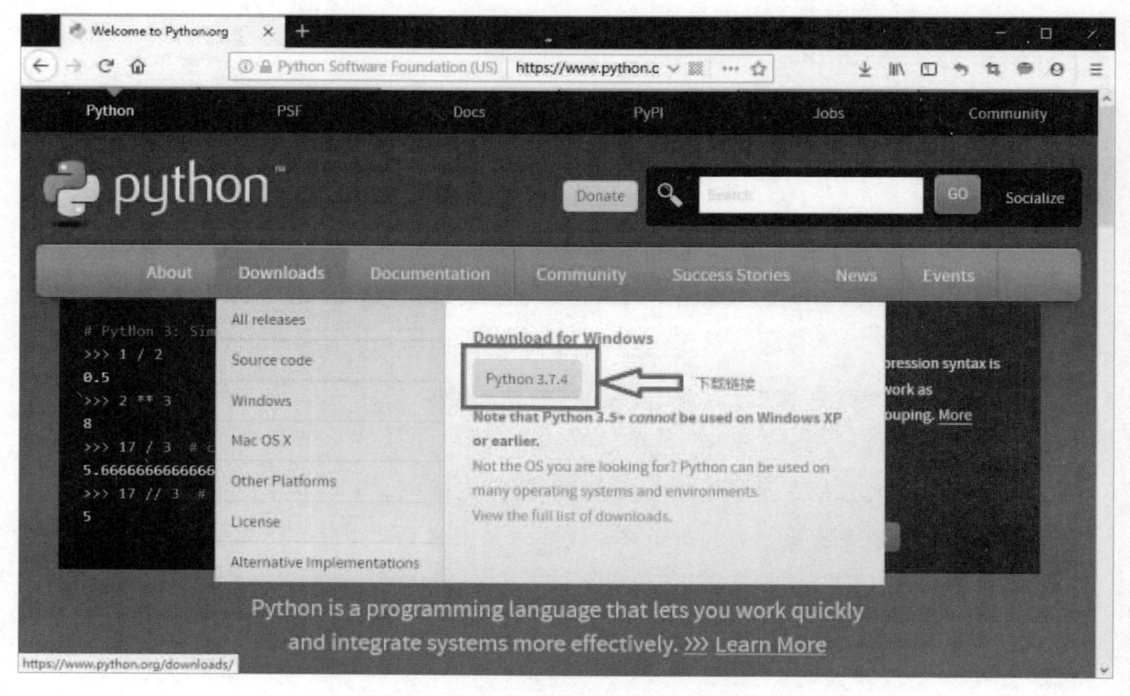

图 2-1 Python 官方网站上的下载链接

我们注意到，图中 Python 官方网站自动检测了当前使用的电脑是 Windows 操作系统，所以弹出的下载链接也是针对 Windows 操作系统。而黑框的左侧，还有一个纵向导航栏里提供了“All releases”“Source code”“Windows”“Mac OS X”“Other Platforms”等链接。这是为用户寻找特定版本的 Python 安装包来使用的。其中，“All releases”里包含了 Python 所有正式发布的各个版本，“Source code”提供了各版本的 Python 源代码，“Windows”“Mac OS X”“Other Platforms”则提供了不同操作系统下的 Python 安装包的下载。

因为 Python 的官方网站下载速度比较理想，我们一般不用寻找其镜像站点。在上图的下载中，笔者使用的是安装包下载。

注意，这个安装包是 32 位的，而现在的电脑一般是 64 位的。

值得一提的是，64 位电脑确实可以使用 32 位的 Python 安装包，但有些特殊库的安装会要求使用的 Python 版本最好和操作系统的位数匹配。

所以要在图 2-1 所示的纵向导航栏中选择“All releases”链接，安装 Python 的 64 位安装包，选择链接后进入图 2-2 所示的页面。

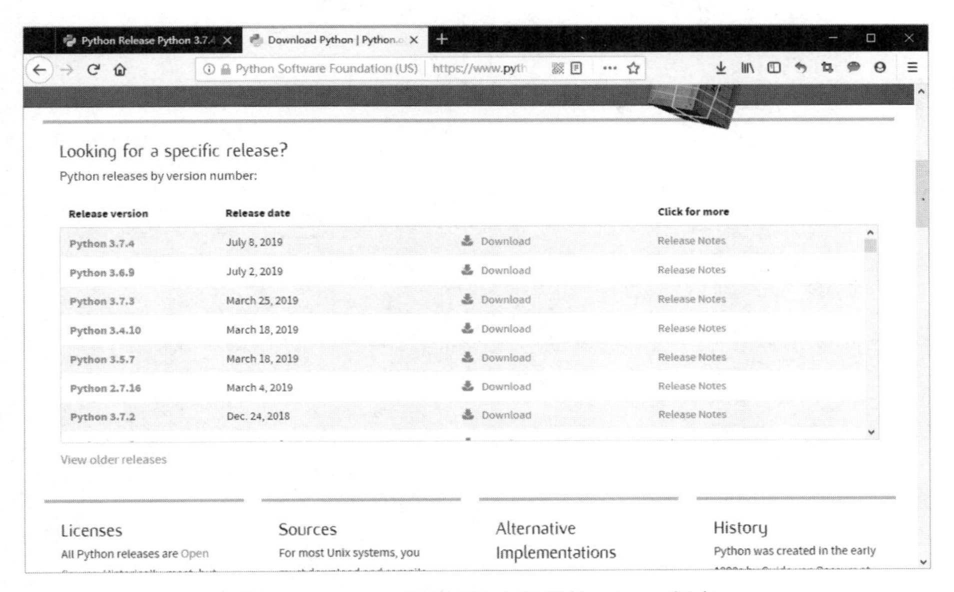

图 2-2　Python 官方网站上提供的 release 版本

在图 2-2 的界面中，“Release version”表示版本号，“Release date”表示该版本的发布日期，“Download”则表示这个版本的下载页面链接。单击“Download”按钮后，进入具体版本的下载页面，我们用鼠标拖动到页面最下方，看到如图 2-3 所示的下载链接。

Files

Version	Operating System	Description	MD5 Sum	File Size	GPG
Gzipped source tarball	Source release		68111671e5b2db4aef7b9ab01bf0f9be	23017663	SIG
XZ compressed source tarball	Source release		d33e4aae66097051c2eca45ee3604803	17131432	SIG
macOS 64-bit/32-bit installer	Mac OS X	for Mac OS X 10.6 and later	6428b4fa7583daff1a442cba8cee08e6	34898416	SIG
macOS 64-bit installer	Mac OS X	for OS X 10.9 and later	5dd605c38217a45773bf5e4a936b241f	28082845	SIG
Windows help file	Windows		d63999573a2c06b2ac56cade6b4f7cd2	8131761	SIG
Windows x86-64 embeddable zip file	Windows	for AMD64/EM64T/x64	9b00c8cf6d9ec0b9abe83184a40729a2	7504391	SIG
Windows x86-64 executable installer	Windows	for AMD64/EM64T/x64	a702b4b0ad76debdb3043a583e563400	26680368	SIG
Windows x86-64 web-based installer	Windows	for AMD64/EM64T/x64	28cb1c608bbd73ae8e53a3bd351b4bd2	1362904	SIG
Windows x86 embeddable zip file	Windows		9fab3b81f8841879fda94133574139d8	6741626	SIG
Windows x86 executable installer	Windows		33cc602942a54446a3d6451476394789	25663848	SIG
Windows x86 web-based installer	Windows		1b670cfa5d317df82c30983ea371d87c	1324608	SIG

图 2-3　Python 官方网站上 3.7.4 版本中提供的下载链接

上图中“Version”列表框下的选项表示针对不同操作系统提供的不同版本，具体含义如下。

- Windows x86-64 executable installer：64 位 Windows 系统的 exe 格式 Python 安装包。
- Windows x86 executable installer：32 位 Windows 系统的 exe 格式 Python 安装包。

- MacOS 64-bit/32-bit installer：64 位或 32 位 Mac OS 系统的 Python 安装包。
- MacOS 64-bit installer：64 位 Mac OS 系统的 Python 安装包。

大家选择符合自己操作系统版本的下载链接即可，这里，选择的 Python 安装包是 64 位 Windows 系统的 exe 格式。

2.1.2 安装 Python

运行我们在上一小节中下载的安装包，进入如图 2-4 所示的 Python 安装界面。

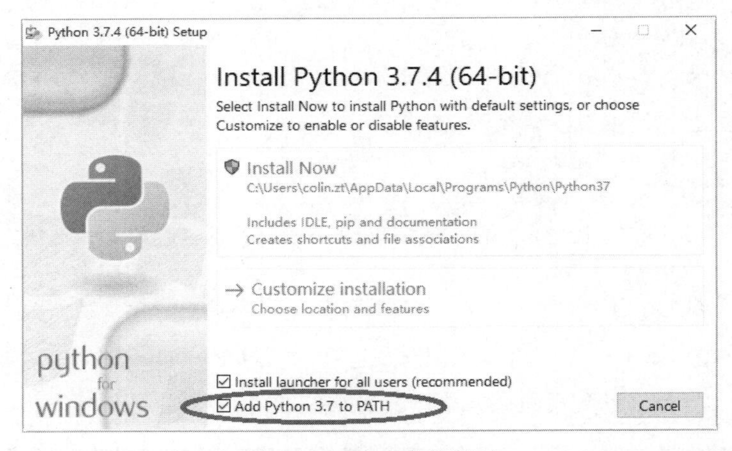

图 2-4　Python 安装界面

在这个界面上，注意图中标出黑圈的位置“Add Python 3.7 to Path”选项，表示这个安装器可以把 Python 解释器添加到系统环境变量中的 PATH 里。我们以后使用命令行启动 Python 时，需要把 Python 的解释器添加到 PATH 里。这个选项默认是未勾选的，这里选中它，以后就不需要再去手动修改操作系统的环境变量。

然后单击上方的“Install Now”按钮，经过等待后，进入如图 2-5 所示的安装成功界面。

图 2-5　Python 安装成功界面

2.2　运行 Python 程序

Python 程序一般有两种运行方式：交互模式和脚本模式。在这两种模式的介绍之前，我们还需要大致了解一下如何进入命令行。

2.2.1　进入命令行

在 Windows 操作系统下，打开开始菜单，找到搜索边框并输入“cmd”，或者在所有程序→Windows 系统中选择命令提示符，就可以看到图 2-6 所示的界面。

图 2-6　准备进入命令行提示符界面

此时选择“命令提示符”选项，即可弹出“命令提示符”窗口并且进入命令行模式，如图 2-7 所示。

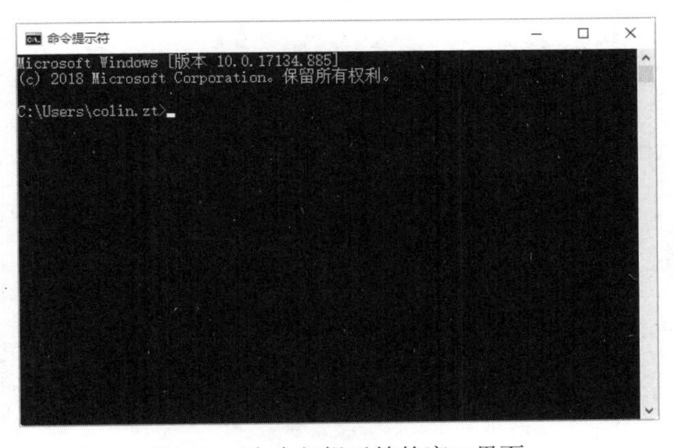

图 2-7　命令行提示符的窗口界面

2.2.2 交互模式

在命令行界面上，直接输入 Python 并按回车键。这时会进入如下 Python 的交互模式。

```
C:\Users\colin.zt>python
Python 3.7.4 (tags/v3.7.4:e09359112e, Jul  8 2019, 20:34:20) [MSC v.1916 64 bit (AMD64)] on win32
Type "help", "copyright", "credits" or "license" for more information.
>>>
```

这里的英文包括了 Python 的版本号 3.7.4 等信息，在“>>>”这个符号后面表示等待用户输入命令，这里可以在交互模式下执行 Python 代码。这个模式的特点是实时反馈，比如我们输入“1+1”，然后按回车键，在屏幕上就会看到如下命令：

```
>>> 1+1
2
```

退出交互模式使用的命令是“exit()”，当然，也可以关闭命令行窗口直接退出。

2.2.3 脚本模式

进入命令行后可以使用命令运行现有的 Python 程序。我们在电脑的 D 盘上创建一个名为 helloworld.py 的文件，打开文本编辑器，输入代码“print("hello world!")”并保存。

```
print("hello world!")
```

然后输入以下命令，在屏幕上即可显示“hello world!”。

```
C:\Users\colin.zt>d:

D:\>python helloworld.py
hello world!
```

其中“d：”这个命令用来跳转到 D 盘，“python helloworld.py”则表示使用之前加入 PATH 里的 Python 解释器来运行程序“helloworld.py”，最后一行的“hello world!”是我们在代码里用 print 语句输出来的，print 语句的作用是把其后面的内容输出到屏幕上。

2.3 安装 PyCharm

除了上述两种模式，Python 程序还可以在集成开发环境（IDE）下运行。Python 比较流行的 IDE 工具是 PyCharm，也可以使用 VSCode、Eclipse 等集成开发环境或直接用 Notepad++ 之类的文本编辑器。

2.3.1 下载 PyCharm 安装包

在浏览器中输入 PyCharm 网址，打开后看到如图 2-8 所示页面。单击其中 Community 下方的 Download 按钮，即可下载。

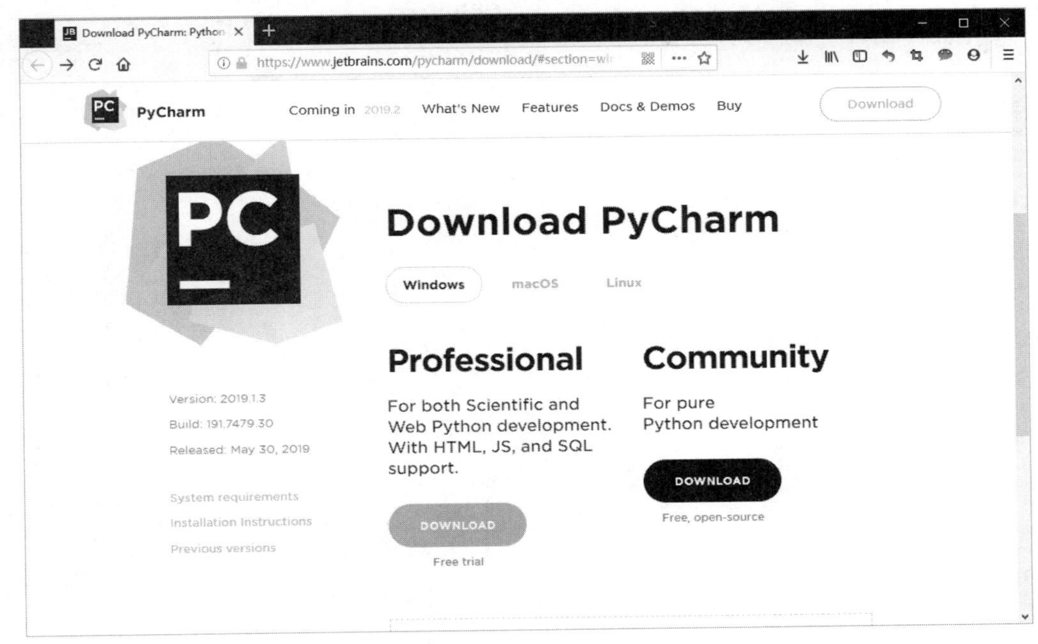

图 2-8　PyCharm 下载页面

2.3.2　安装 PyCharm

PyCharm 的安装操作很简单如图 2-9 至图 2-14 所示，按照系统提示一步一步地进行安装，这里依次单击“Next”按钮，直到最后一步单击“Finish”按钮即可。

图 2-9　PyCharm 安装步骤 1

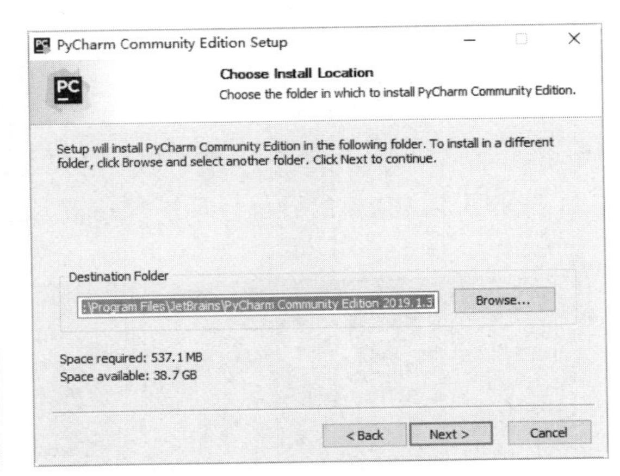

图 2-10　PyCharm 安装步骤 2

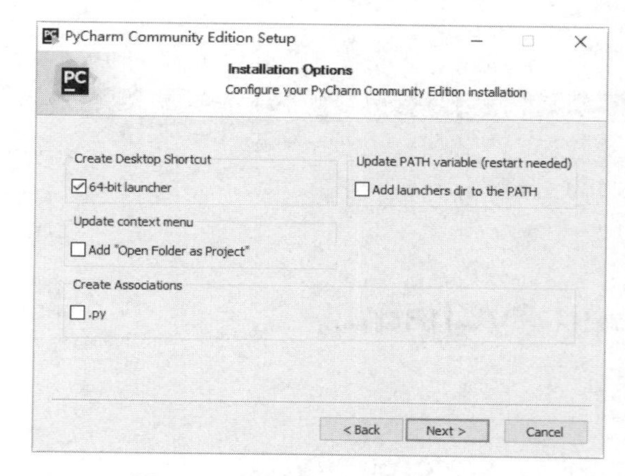

图 2-11　PyCharm 安装步骤 3

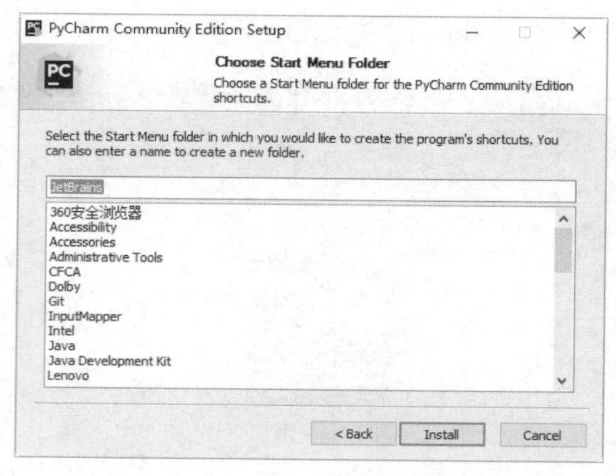

图 2-12　PyCharm 安装步骤 4

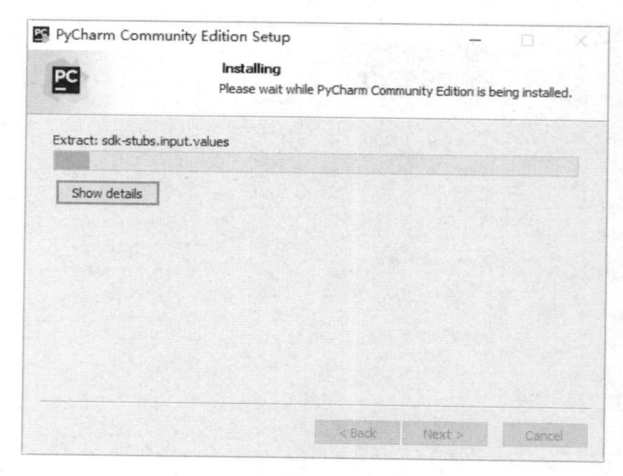

图 2-13　PyCharm 安装步骤 5

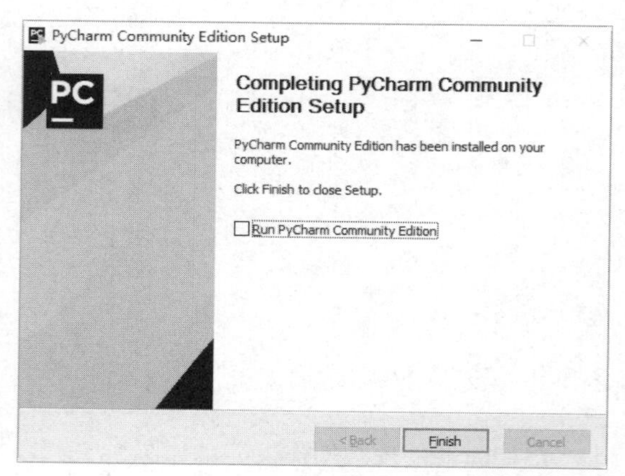

图 2-14　PyCharm 安装步骤 6

2.3.3　配置 PyCharm

运行刚安装的 PyCharm，并按照图 2-15 和图 2-16 所示创建一个名为“new”的 PyCharm 程序。在如图 2-15 所示的界面上单击“Create New Project”创建一个新程序。

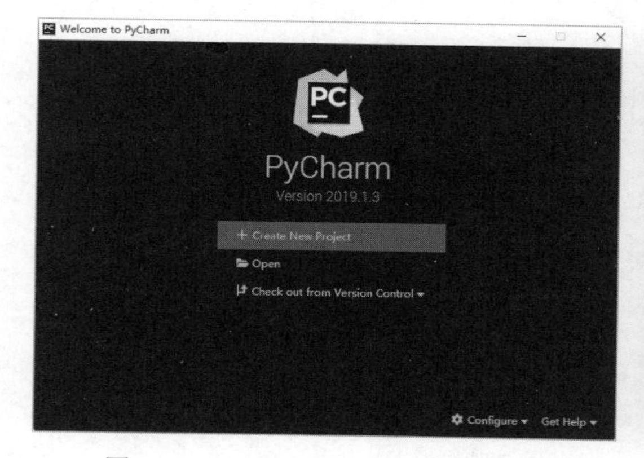

图 2-15　运行 PyCharm 后进入的界面

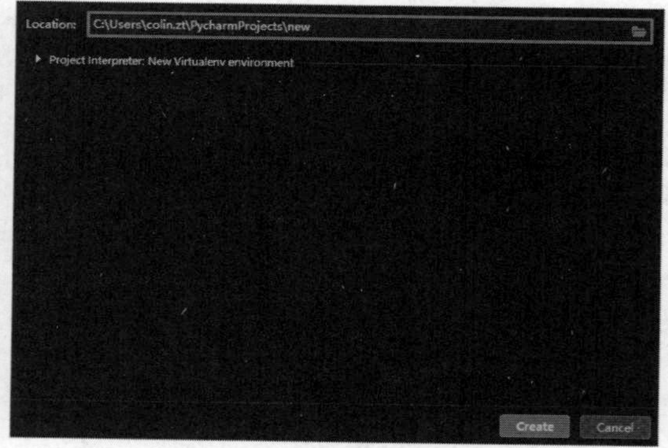

图 2-16　创建程序的界面

在界面上输入新程序的名称，这里命名为“new”。接下来要对这个程序进行环境配置：单击菜单栏上的“File”，并选择“settings”选项，如图 2-17 所示。

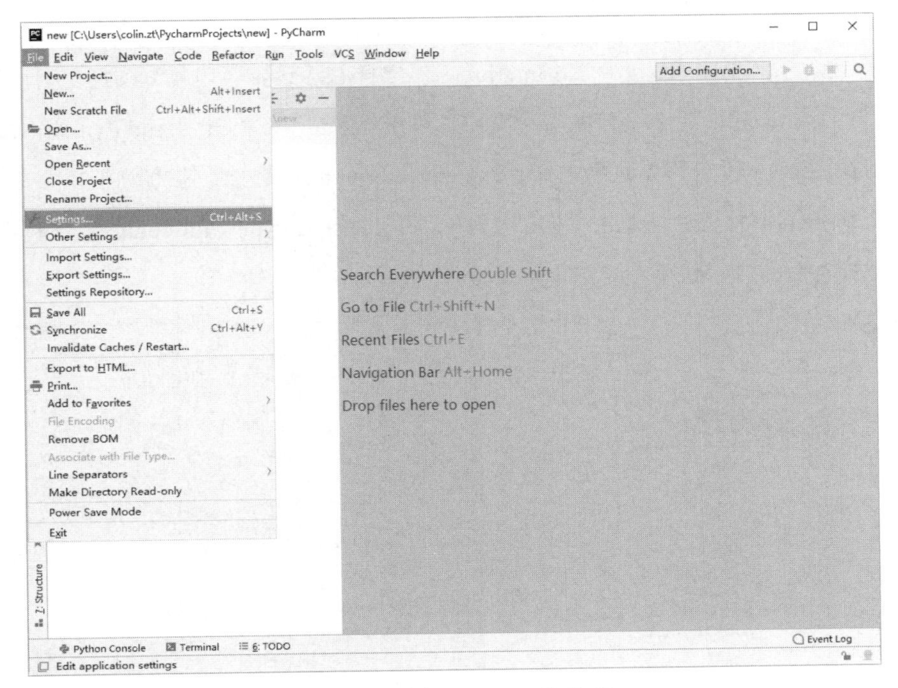

图 2-17　选择“settings”选项

在设置界面中左侧的导航栏中，选择“Project: new”→“Project Interpreter”命令，得到如图 2-18 所示的设置界面。

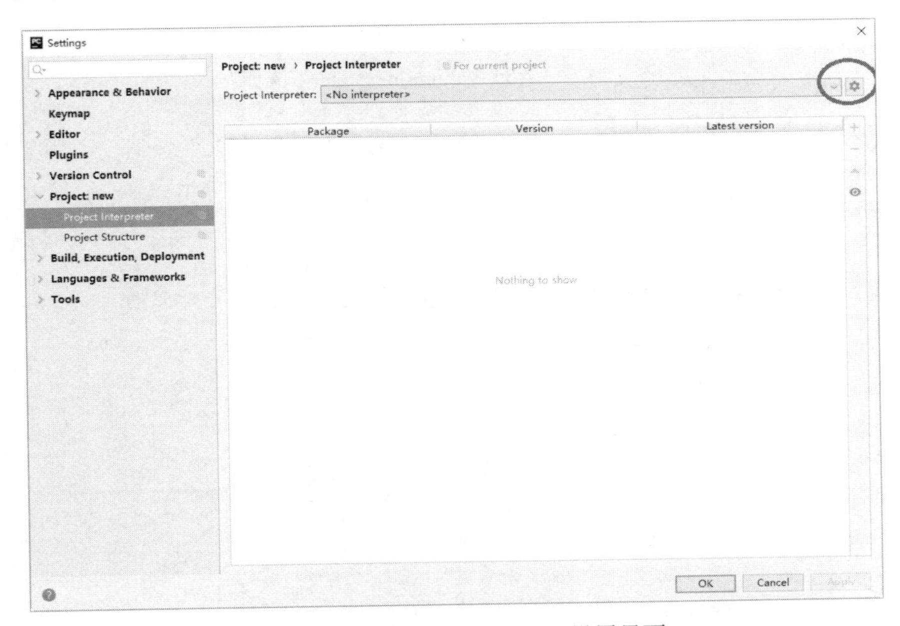

图 2-18　“Project Interpreter”设置界面

如图 2-18 所示，“No Interpreter”表示 PyCharm 没有找到系统上安装的 Python；如果已经找到了，界面上则会出现 Python 解释器的具体路径。这里如果出现了“No Interpreter”，那么我们需要自己添加一个 Python 解释器路径。

如图 2-18 所示，单击右上方“No Interpreter”字样右边设置（齿轮）图标，会出现一个包含“Add”和“show all”两个条目的小型菜单，选择“Add”，打开“Add Python Interpreter”界面，然后在图 2-19 所示的界面中选择“System Interpreter”选项，在右侧下拉菜单中选择系统上安装的 Python 解释器，并单击“OK”按钮即可。如果右侧的“Interpreter”下拉菜单为空，则需要单击最右边的 ... 按钮手动添加 Python 解释器地址。

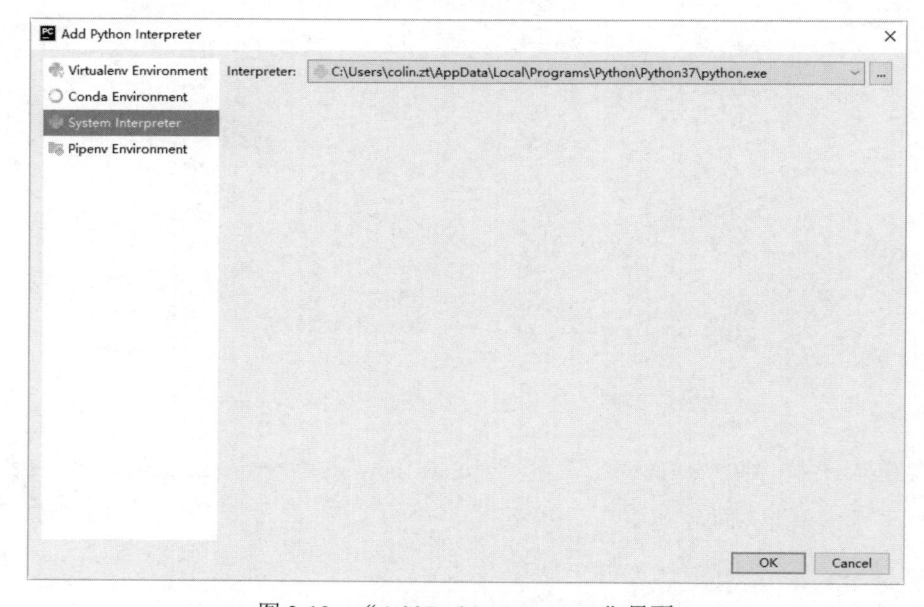

图 2-19　“Add Python Interpreter”界面

设置完成后系统自动返回到图 2-18 所示的界面，再次单击“OK”按钮，回到工程界面。

2.3.4　运行 Hello world

首先我们右键单击工程名“new”，如图 2-20 所示，在弹出的菜单中选择“New”→“Python File”命令，并输入文件名“2-3-4”。

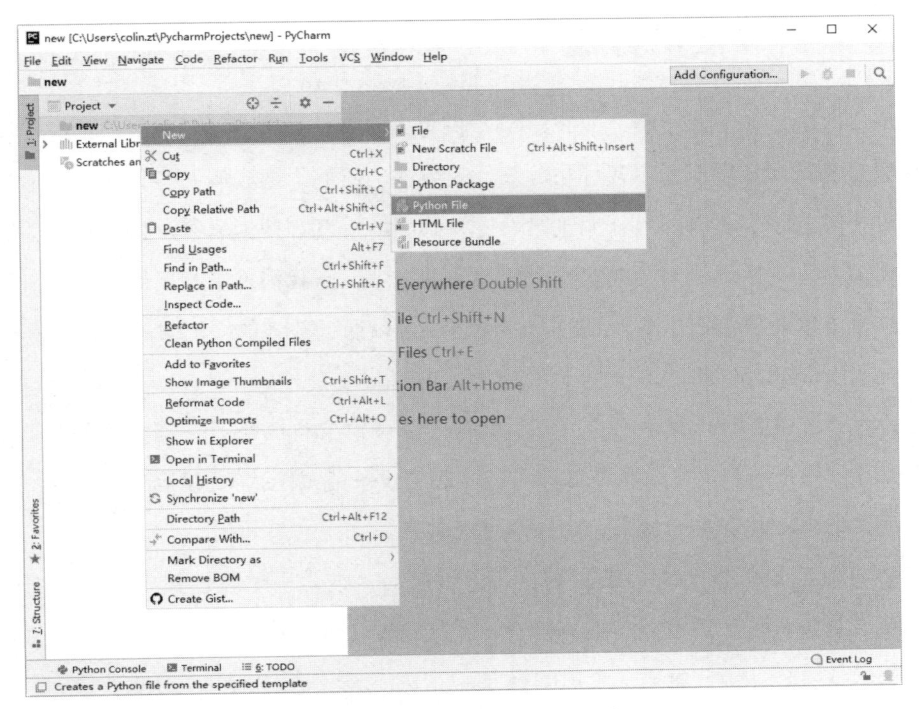

图 2-20　新建一个 Python 文件

并输入如下代码。

```
print("hello world!")
```

之后在顶部菜单中选择“Run”→“Run 2-3-4”选项，即可运行这个 Python 文件，运行结果如图 2-21 所示。

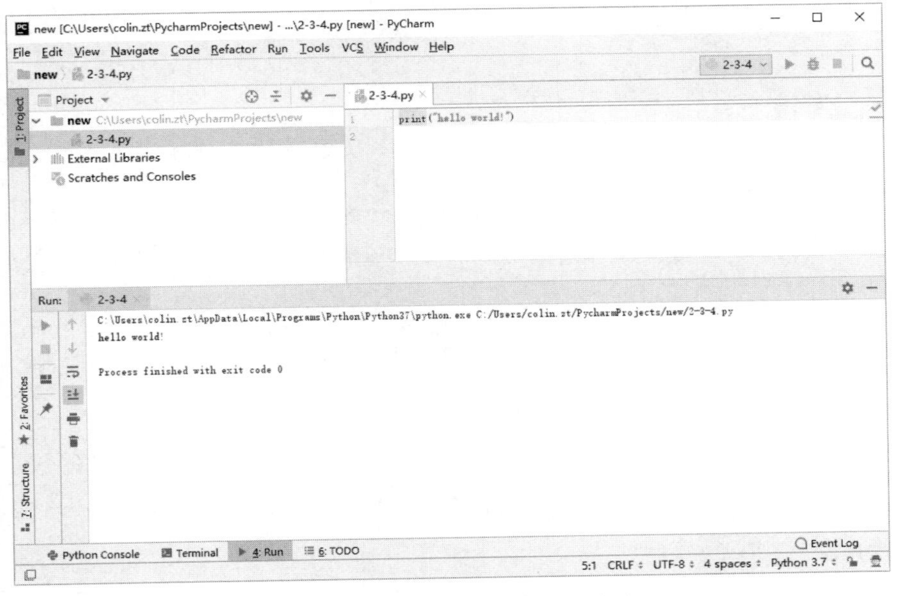

图 2-21　运行程序“2-3-4”的结果

2.4 搜索引擎使用方法

可以想象的是，新手在按照之前介绍的方法安装环境时仍然会遇到很多的问题，毕竟每个人的电脑配置的具体环境不同，各种相关软件的版本也不同。遇到问题很正常，一般情况下我们可以通过搜索方法来解决。打开浏览器，进入必应、百度等搜索引擎，搜索相关关键字即可找到很多相关内容。搜索引擎会根据输入的不同关键字，帮我们找到想要的内容。可以说，我们在本书学习中以及日常工作中遇到的一些问题，可以通过搜索的方法来解决。

例如我们以 Python 安装为例，搜索关键字：Python 安装。

注意，搜索关键字可以是短语，也可以是句子，并以空格隔开。一般选择多个相关性较高的短语。但当一件事很难用短语描述时，也可以选用较短的句子作为关键字。而当句子较长时，搜索引擎往往很难找到有用的结果。怎样设计关键字，也是一门学问。

回到 Python 安装的例子上，当我们输入关键字后，搜索引擎就会找到许多关于怎样安装 Python 的搜索结果。这里的重点是信息筛选，我们需要快速筛选出哪些是广告，哪些是使用教程，哪些是过时信息，哪些是真正有用的答案。

那么应该如何筛选？

（1）首先分辨出所有广告，广告一般在页面最上面，有些会有小字表明为推广或广告。广告可以直接略去（不用看）。

（2）再看发布日期，一般情况下越新越好。

（3）然后看文章来源，一般情况下大型教学类网站的安装教程会及时更新，而博客、专栏等个人作者的文章相对来说不常更新。

2.5 本章练习

1．使用搜索引擎了解什么是环境变量、环境变量的显示和设置方法；共分四次搜索，搜索关键字依次为：①环境变量；② Windows 环境变量；③ Mac 环境变量；④ Python 环境变量。

2．使用搜索引擎了解 Windows 和 Mac 电脑进入命令行的方式；共分两次搜索，搜索关键字依次为：① Windows 进入命令行；② Mac 进入终端。

3．进入交互模式，然后给 Python 出一道加法题，看看 Python 运行的结果对不对。

4．进入交互模式，然后输入“import this”，看看屏幕上出现的内容，并尝试搜索其中文翻译以及由来。

5．使用搜索引擎搜索下列关键字，共分两次搜索：① PyCharm 下载；② PyCharm 配置。

6．使用搜索引擎搜索 PyCharm 的解释器配置方法，使用关键字：PyCharm Python Interpreter。

7．使用搜索引擎搜索 PyCharm 的使用教程，使用关键字：PyCharm 教程。

8．使用搜索引擎了解什么是 IDE，使用关键字：IDE 集成开发环境。

9．将图 2-21 中的代码替换为以下代码，并观察其运行结果。

```
print("Hello World!")
print(" 中文也是可以的 ")
print(" 特殊符号也可以呢！ @#~ ￥%…………*（）*&）￥#&*&# ￥……*%——）（")
```

第 3 章

Python 基础

本章将为大家介绍 Python 编程的基础知识，我们后面的自动化测试也将基于 Python 基础知识来展开。这里并不会大而全地介绍 Python 的所有基础语法，而是针对自动化测试这一目标选择其中比较重要的部分来介绍，同时还会引入更多的代码练习。这一部分旨在使零基础的手工测试人员也可以入门自动化测试。

3.1 基本语法

Python 的基本语法相对 C 语言和 Java 语言等来说较为简单，这一节从常见的最基本语法开始讲解。

3.1.1 Print 语句

Python 有两个版本：Python 2 和 Python 3。现在这两个版本都在广泛使用。两者之间一个最明显的区别就是 print 语句。在 Python 3 里，print 语句需要带括号，而 Python 2 不需要。

Python 3 语法代码如下：

```
print("都是带括号的哦")
```

Python 2 语法代码如下：

```
print "括号没有了哦"
```

本书中，我们使用 Python 3 进行讲解。因为时至今日，Python 3 已经成为主流。一般情况下，我们都会使用 Python 3 编写新程序，而大部分的第三方库也已支持 Python 3。这里提一下，如果阅读一些出版时间比较早的书籍或教程，可能还是使用 Python 2 来进行讲解的；如果要维护一些比较老的代码，也可能是使用 Python 2 编写的。所以，我们学完 Python 3 之后，可以考虑了解两者之间的其他差别。

1．使用搜索引擎搜索：Python 2 与 Python 3 的区别（注意这次的搜索关键字是一个完整的短语）。

2．使用搜索引擎搜索：为什么要学 Python 3。

3.1.2 字符串：一种专门的数据类型

我们在 Python 里使用 print 语句时，需要把一段文本传递给 print 语句，表示希望输出打印的内容。Python 及大多数编程语言里把这种文本称为一种专门的数据类型：字符串 string。一个字符串表示一连串的字母、数字、符号以及按顺序连接起来的汉字。

字符串可以用不同的形式来定义，代码如下。

```
print("双引号下的字符串")
print('单引号下的字符串')
```

注意，双引号“"”和单引号“'”都可以被用于定义一个字符串，但必须在字符串的开头和结尾使用相同的符号。

我们可以使用加号“+”对字符串进行连接操作，代码如下：

```
print("这也是" + "字符串")
```

在之前做过的“Hello world”语句里加入你的名字，并使用加号“+”把字符串连接起来。让 Python 程序输出打印：“"Hello [你的名字]"”。

3.1.3 理解并处理出现的错误和异常信息

我们开始学习并逐渐熟悉 Python 语言，程序运行时往往会遇到很多错误 error 和异常 exception 提示。事实上，当 Python 不能理解我们想让它做什么的时候，它就会报错。每个人都会犯错，所以我们需要培养阅读出错信息的习惯，并且理解这些信息的含义。在使用 print 语句时，如果使用不规范可能会遇到一些错误提示。

常见的错误有以下几种，代码如下：

```
print("混用单引号和双引号导致了 SyntaxError')
print(忘记使用引号)
print"忘记使用括号导致了 SyntaxError"
```

第一行 print 语句在运行时就会报错误：“SyntaxError”，并停止后续程序的运行，代码如下：

```
File "C:/xxx/TEST.py", line 1
  print("混用单引号和双引号导致了 SyntaxError')
                                              ^
SyntaxError: EOL while scanning string literal
```

这里 Python 会很贴心地告诉我们出错的行号是 line 1，以及出现错误的类型——语法错误 SyntaxError。并且用了一个“^”符号来提示错误的位置，当然这只是 Python 猜测错误可能出现的位置。这段错误信息的意思是，一行代码结束了（缩写为 EOL , end of line），但没有找到预期的表示字符串结尾的双引号。也就是说，字符串没有放在引号里。

如果遇到看不懂的英文提示，可以打开相关翻译 App 或搜索引擎进行查询。比如搜索 SyntaxError: EOL while scanning string literal 或者 Python SyntaxError: EOL while scanning string literal，之后就会发现这个问题已经有很多人遇到并且在网上求助过，我们只需要点击查看即可，并从中选择解决方案。

第二行语句的错误是没有使用引号，这个语句会报错误：“NameError”，代码如下：

```
NameError: name '忘记使用引号' is not defined
```

当 Python 遇到没有引号的单词时，就会理解成类似 print 一样的命令语句。如果 Python 程序里或者我们写的程序里没有定义过这个命令语句，那么 Python 就会报错误 NameError，表示名称出错，也就是说 Python 找不到这个名称。

第三行语句的错误是没有使用括号，这个语句会报错误：“SyntaxError”，代码如下：

```
SyntaxError: invalid syntax
```

这一行语句在 Python 2 里可以正常运行，但是在 Python 3 里就会报 SyntaxError 错误并且 Python 会直接提示 invalid syntax 语法错误。

1. 把上面三个出错的语句改成正确的语句。
2. 使用搜索引擎搜索：Python 异常是什么，看看其他人是怎么解释“异常”这个概念的。

3.1.4 变量：会发生变化的数据

在 Python 里我们经常会处理各种各样的数据，这个数据往往会发生变化，数据可以表示现在的时间，或者表示一架飞机所在的地点，又或者是电视上正在播放的节目。Python 中用变量来表示这些变化的值，代码如下：

```
message = "I like Python !"
just_a_num = 5
```

这里定义两个变量，一个 message 的变量值是一个字符串 "I like Python !"，另一个 just_a_num 的变量值是一个整数 5 。

值得注意的是，Python 中定义一个变量时不需要指定其数据类型，因为 Python 会自动判断它的类型。

变量里可以保存什么类型的数据？

- 字符：如 a。
- 字符串：如 'I like Python !'。
- 数字：如整数、浮点数。
- 布尔值：如 True 或 False。
- 数据结构：如列表、元组、字典等。

注意：Python 中的变量必须以字母或下画线开始，不能以数字开始。

1．定义一个变量 todays_date，并且给它赋值，用来表示今天的日期。

2．使用搜索引擎搜索：什么是 Python 异常处理，看看其他人是怎么解释异常处理这个概念的。

3．分四次搜索并了解以下信息：① Python 变量命名规范；②驼峰命名法；③下画线命名法 4.PEP8。

3.1.5 用 Python 做数学运算

用 Python 做数学运算非常容易，代码如下：

```
add = 13238 + 12814
sub = 483 - 265
multiply = 2333 * 666
divide = 547 / 45
```

```
combine = 109 * 245 + 160 / 5 - 11
```

这些数学运算的结果赋值到变量上，这些算式在计算时会遵守四则运算的规则，计算结果保存在变量里。另外，还有一个求除法余数“模”的运算，用“%”表示，代码如下：

```
is_this_number_odd = 9 % 2
is_this_number_divisible_by_seven = 147 % 7divide = 547 / 45
divid = 547 / 45
```

这里第一个结果等于 1，第二个等于 0。

另外，在 Python 2 和 Python 3 的除法运算上有如下不同：

（1）Python 3 里整数和整数相除结果可能是浮点数如：5/2=2.5。

（2）Python 2 里整数和整数相除结果是整数，小数部分被忽略如：5/2=2。

1. 写一个表达式，把两个数字乘起来，结果保存在 product 这个变量里。
2. 写一个表达式，求 2398 除以 11 的余数。
3. 写一个表达式，求 3 的 5 次方。提示：搜索“python 乘方”。

3.1.6 变量是可以更改的

变量的值可以更改具体代码如下：

```
total_apple = 5
eat_apple = 1
apple_left = total_apple - eat_apple
print("apple_left="+str(apple_left))
```

上面这个例子表示：5 个苹果被吃掉 1 个后，还剩 4 个。

在之前的程序后面继续补充完成程序，具体代码如下：

```
new_apple = 2
new_eat_apple = 3
apple_left += new_apple
print("apple_left=" + str(apple_left))
apple_left -= new_eat_apple
print("apple_left="+ str(apple_left))
```

上面这个例子表示：又买了两个苹果之后变成 6 个，然后又吃掉 3 个苹果，之后还剩下 3 个。

注意：“+=”符号和“-=”符号，“apple_left+=new_apple”语句等价于“apple_left=apple_left+new_apple”语句。

写一个 Python 程序满足如下需求：

从网上书店购买一些书，总价是多少？

（1）第一本书原价 30，打了 8 折。

（2）第二本书原价 45，打了 6 折。

（3）运费 10 元。

3.1.7 注释：用“#”符号开始的内容

一般情况下，我们推荐如果能用代码表示清楚就用代码表示，实在不能写出一目了然的代码时，才用注释说明。如果你觉得所写的代码有些地方可能是别人看不懂的，那么可以添加注释说明。

用“#”符号开始的内容被视为注释，代码如下：

```
# 这个变量表示你每天跑步的公里数
miles = 4
```

给你之前写过的程序加一条注释。

3.1.8 数字类型很简单

数字类型包括整数型和浮点型，具体说明如下：

（1）整数：

```
int1 = 1
int2 = 10
int3 = -5
```

（2）浮点数：

```
float1 = 1.0
float2 = 10.
float3 = -5.5
```

1．写一个 Python 程序计算以下数学题：

（1）定义一个变量 pen，给它赋一个整数值，表示想买几支签字笔。

（2）每支笔定价 4.25 元，定义一个变量 price 表示单价。

（3）定义一个新变量 total_cost 表示总价 。

（4）把这个总价用 print 语句输出。

最后的问题是：这个数字的类型是什么？

2．使用搜索引擎搜索并了解什么是“浮点数”。

3.1.9　多行字符串 / 多行注释

定义字符串用引号或双引号，如果想要定义多行的字符串，可用三引号，代码如下：

```
address_string = """1 Wulin Road
XiaCheng Distinct
Hangzhou"""
```

多行字符串还可当作注释使用，一般用来解释一些复杂的代码的构成，需要什么参数，会给出什么返回值，代码如下：

```
"""
这个方法接受两个参数 a 和 b 并进行计算，
当 a>b 时返回 success，当 a<b 时返回 failure
"""
```

真实的多行注释可能就像下面的代码段一样，这个代码段的注释是作为方法 try_it 的文档存在的。

```
def try_it(var_1, var_2):
    """
    just try it
    :param var_1: the input param 1
    :param var_2: the input param 2
    :return: nothing
    """
    pass
```

创建一个变量 a，并保存以下多行字符串：

白日依山尽，

黄河入海流。

3.1.10 布尔值是“真”是“假”

布尔值是用来表示真假的变量，它只有两个值 True 和 False。

代码如下：

```
a = True
b = False
```

布尔值其实是特殊的整数。在 Python 里，整数 1 表示 True，而 0 表示 False。

代码如下：

```
>>> print(1 == True)
True
>>> print(0 == False)
True
```

这里的“==”号表示比较两个值是否相等，如果相等就会返回布尔值 True，否则返回 False。

1. 创建两个变量，分别赋予不同的布尔值。
2. 仿照这节的例子，换成其他数字，看看它们是不是既不等于 True，也不等于 False 。

3.1.11 类型转换

Python 中的数据可以有不同类型，比如：

- 7 是一个整数；
- “7”是一个字符串。

如下代码是整数和字符串互相转换的例子，注意使用的方法分别为 str() 和 int()。

```
str_1 = "100" # 一个字符串
number_1 = int(str_1) # 变成了整数
str_2 = str(number_1) # 又变成了字符串
```

1. 把整数 7 转换成字符串“7”，然后再转换回来。

注意如果浮点数使用 int() 表示，那么只会保留其整数部分。

2. 在以下代码的基础上编程：定义一个字符串为“product”，令 product 等于 float_1 乘以 float_2。

```
float_1 = 0.25
float_2 = 40.0
```

3.2 字符串

这一节我们来详细了解一下 Python 语言中的字符串。

3.2.1 转义字符

下面这个字符串的内部包含了单引号，导致 Python 误以为程序到 There 这里就结束了。

```
'There's a snake in my boot!'
```

第一种修复方法是在外部使用双引号，代码如下：

```
"There's a snake in my boot!"
```

第二种修复方法是使用反斜杠转义字符串内部的单引号，代码如下：

```
'There\'s a snake in my boot!'
```

小练习

用上述两种方式修复以下字符串，并用 print 输出语句显示出来。

```
'This isn't flying, this is falling with style!'
```

3.2.2 字符串索引

Python 字符串里的每个字母都有一个索引 index，代码如下：

```
c = "cats"[0]
n = "Ryan"[3]
```

小练习

请把下面代码补充完整。

```
"""
字符串 "PYTHON" 含有 6 个字母
```

```
它们的索引是 0 到 5，以及 -1 到 -6 如下：

+---+---+---+---+---+---+
| P | Y | T | H | O| N |
+---+---+---+---+---+---+
 0   1   2   3   4   5
-6  -5 -4  -3 -2  -1

如果你想要其中的字母 "Y"，可以用 "PYTHON"[1]
(记住这个计数是从 0 开始的！)
也可以是 "PYTHON"[-5]
(反过来是从 -1 开始的)
"""
# 请用两种方法把下面这行代码补充完整，取字符串 "MONTY" 的第五个字母是 ...
fifth_letter =

print (fifth_letter)
```

3.2.3 字符串方法

字符串方法可以对字符串做一些简单操作，这里介绍以下四种方法：

（1）len() 用来计算字符串的长度。

（2）lower() 用来把字符串所有字母转换成小写。

（3）upper() 用来把字符串所有字母转换成大写。

（4）str() 用来把非字符串转换成字符串。

1．新建一个变量 game，并赋值为“Ilikegame!”。首先直接用 print 输出这个变量，然后用 len 计算这个变量的长度，调用方法如：len(game)，并用 print 语句输出。

2．用 lower 把变量 game 转换成小写，并用 print 语句输出。调用方法如：game.lower()。

3．用 upper 把变量 game 转换成大写，并用 print 语句输出。调用方法如：game.upper()。

4．新建一个变量 pi，并赋值为 3.14。用 str 把变量 pi 转换成字符串，并 print 语句输出。调用方法如：str(pi)。

注意这四种方法，有些用点号调用，有些把变量放在括号里调用。前者只能用于字符串类型的数据，后者可以用于其他数据类型的输入值。

3.2.4 字符串拼接

字符串可以通过加号拼接法拼接，代码如下：

```
print("Good "+ "good " + "study!" )
```

这样就会显示出“Good good study”，也就是“好好学习”的意思。

另一种拼接法，代码如下：

```
print("{} {} {}!".format("Good","good","study"))
```

这里，大括号 {} 用作占位符号，依次对应后面的三个字符串，输出的字符串和上面的例子一样。还可以加上数字表示用第几个字符串替换这个占位符，代码如下：

```
print("{2} {1} {0}!".format("Good","good","study"))
```

那么输出是什么呢？

答案是“study good Good!”因为这次的占位符是反向顺序的 {2} {1} {0}，所以依次由 format 语句里的第三个字符串、第二个字符串和第一个字符串进行替换。

其他还有很多种拼接方式，但是用得不多。

1. 使用加号把两个单词拼起来：如“煎饼”“果子”，并用 print 语句输出打印。
2. 使用 format 语句把两个单词拼起来：如“煎饼”“果子”，并用 print 语句输出打印。
3. 修复代码中的错误：print(" 我每顿吃 "+2+" 个包子 ")。
4. 把上一个小练习中的代码改写成用 format 语句来拼接，（注意，这里可以省略 str 方法把 2 转换成字符串的步骤）format 方法可以自动转换。
5. 把上一个小练习代码中的数字 2 改成 2.563 87，然后保留 3 位小数，并用 print 语句输出整个字符串。如果要保留 x 位小数，可以用 {:.Xf} 作为占位符，把 X 替换成你想要保留的位数。
6. 把以下代码补充完整，把下画线替换代码。使代码运行后输出以下这句话：

“我叫张三，身高 1.85m，喜欢吃水果”。

```
name = "张三"
height = "1.85m"
food = "水果"
print ("我叫 ___，身高 ___，喜欢吃 ___。".___(name, height, food))
```

3.2.5　时间日期的处理

datetime 作为一个 Python 标准库，用来处理时间日期。下面在使用这个库时，将继续练习字符串的使用。

先看一个输出打印当前时间的例子，代码如下：

```
from datetime import datetime
now = datetime.now()
print(now)
```

第一行从 datetime 这个库中用 import 导入 datetime 这个类。

第二行用方法 now() 读取现在时间并保存在变量 now 里。

最后用 print 语句输出。

再看一个格式化输出的时间日期字符串的例子，代码如下：

```
from datetime import datetime
now = datetime.now()
print(now)
print('{:02d}-{:02d}-{:4d}'.format(now.month, now.day, now.year))
```

在这个例子中，使用字符串格式化的 format 方法，以及占位符“{}”，并用“:02d”表示输出的数字需要保留两位整数，并在只有一位数字时补 0。

1．写一段程序，用 mm/dd/yyyy 这种格式输出打印今天的日期。

2．了解 Python 标准库，使用搜索引擎搜索关键字“Python 标准库”。

3．改写上面的例子，把时分秒分别放在三个变量里。

注意：可以用 now.hour、now.minute、now.second 分别获取时分秒信息，然后再把时分秒三个变量分别用 print 语句输出。

4．写一段程序，用 hh:mm:ss 格式打印出现在的时间。

5．写一段程序，把现在的日期和时间用 mm/dd/yyyy hh:mm:ss 格式打印出来。

3.3 条件分支语句

条件分支语句是用来控制程序执行顺序的语句之一。

3.3.1 初识条件分支语句

在学习条件分支语句或者说语句 if-else 之前，我们接触的 Python 程序都是很直接的，比如执行一段数学运算，而没有出现任何判断或者选择的情况。用上条件分支语句之后自己就可以控制程序的执行流程。比如下面这个例子中，用户根据输入语句的不同，可以执行不同的代码程序。

运行这个有条件分支语句的小程序，体会条件分支的具体含义，代码如下：

```
def choice():
    print ("请选择，左还是右？ ")
    answer = input("输入 左 或者 右 : ")
    if answer == "左" or answer == "左边":
        print ("你选择了左")
    elif answer == "右" or answer == "右边":
        print ("你选择了右")
    else:
        print ("你两个都没选，你决定再试一次")
        choice()

choice()
```

3.3.2　比较运算符

我们使用一些常用的比较符号来比较两个值，代码如下：

```
print(1<2)   # 小于
print(1>2)   # 大于
print(1<=2)  # 小于等于
print(1>=2)  # 大于等于
print(1==2)  # 等于，注意，一个等号是赋值，
             # 两个等号才是等于。
print(1!=2)  # 不等于
```

当比较条件，比如“1<2”成立时，语句就会返回 True，不成立时返回 False。

1．请把下面程序补充完整。

```
# 在心里判断是否 17 < 328,
# 是则把变量值设置为 True，否则 False
bool_one = True    # 这道题我帮你完成了

# 在心里判断是否 100 == (4*25),
# 是则把变量值设置为 True，否则 False
bool_two =

# 在心里判断是否 16 <= 16,
# 是则把变量值设置为 True，否则 False
bool_three =

# 在心里判断是否 -21 >- 14,
# 是则把变量值设置为 True，否则 False
bool_four =

# 在心里判断是否 99 != (97+2),
```

```
# 是则把变量值设置为 True，否则 False
bool_five =
```

2．请把下面程序补充完整。

```
# 在心里判断是否 (20 - 10) > 15,
# 是则把变量值设置为 True，否则 False
bool_one = False    # 这道题我帮你完成了

# 在心里判断是否 (10 + 17) == 3**16,
# 是则把变量值设置为 True，否则 False
bool_two =

# 在心里判断是否 1**2 <= -1,
# 是则把变量值设置为 True，否则 False
bool_three =

# 在心里判断是否 40 * 4 >= -4,
# 是则把变量值设置为 True，否则 False
bool_four =

# 在心里判断是否 100 != 10**2,
# 是则把变量值设置为 True，否则 False
bool_five =
```

3．请把下面程序补充完整。

```
# 自己用不同的比较运算符号写几个表达式
# 并赋值给下列变量，要符合注释里的要求。
# 注意每一题请使用不同的比较运算符
# 使我为 True
bool_one = 3 < 15   # 这题我帮你做了

# 使结果为 False
bool_two =

# 使结果为 True
bool_three =

# 使结果为 False
bool_four =

# 使结果为 True
bool_five =
```

3.3.3 判断多个条件

如果要用 if 语句判断多个条件，需要用到以下几个布尔操作符。

（1）and：两个条件都为真时，整个表达式为真。

（2）or：两个条件中有至少一个为真时，整个表达式为真。

（3）not：给出的条件为假时，整个表达式为真。

【例 1】布尔操作符，代码如下：

```
print(1<2 and 2<1) # 结果为 False
print(not 1+1!=1) # 结果为 False
print(1<=2 or 2<=1) # 结果为 True
```

1．通过计算，把以下程序补充完整，在程序中直接填写注释上表达式的值，即 True 或 False。

```
# False and False
bool_one =

# -(-(-(-2))) == -2 and 4 >= 16 ** 0.5
bool_two =

# 19 % 4 != 300 / 10 / 10 and False
bool_three =

# -(1 ** 2) < 2 ** 0 and 10 % 10 <= 20 - 10 * 2

bool_four =

# True and True
bool_five =
```

2．自己写一个小程序来验证上一题中填写的值是否正确。

提示：可以用语句“print(False and False)”输出表达式的值。

3．通过计算，把以下这个程序补充完整，在程序中直接填写注释上表达式的值，即 True 或 False。

```
# 2 ** 3 == 108 % 100 or 'Cleese' == 'King Arthur'
bool_one =

# True or False
bool_two =

# 100 ** 0.5 >= 50 or False
bool_three =

# True or True

bool_four =

# 1 ** 100 == 100 ** 1 or 3 * 2 * 1 != 3 + 2 + 1
bool_five =
```

4．写一个小程序来验证上一题中填写的值是否正确。

5．通过计算，把以下这个程序补充完整，在程序中直接填写注释上表达式的值，即 True 或 False。

```
# not True
bool_one =

# not 3 ** 4 < 4 ** 3
bool_two =

# not 10 % 3 <= 10 % 2
bool_three =

# not 3 ** 2 + 4 ** 2 != 5 ** 2
```

```
bool_four =

# not not False
bool_five =
```

6．写一个小程序来验证上一题中填写的值是否正确。

【例 2】布尔操作符的执行顺序，代码如下：

```
print(True or not False and False) # 结果为 True
```

三个布尔操作符会按以下顺序进行计算：

（1）not 最优先。

（2）and 排第二。

（3）or 最后算。

所以语句“True or not False and False”等价于语句“True or ((not False) and False)”。

建议代码中有复杂表达式时直接用括号表示，因为如果顺序算错了往往会出现意想不到的 bug。

1．通过计算，把以下这个程序补充完整，在程序中直接填写注释上表达式的值，即 True 或 False。

```
# False or not True and True
bool_one =

# False and not True or True
bool_two =

# True and not (False or False)
bool_three =

# not not True or False and not True

bool_four =

# False or not (True and True)
bool_five =
```

2．写一个小程序来验证上一题中填写的值是否正确。

3．请把下面程序补充完整。

```
# 自己用不同的运算符号写几个表达式
# 并赋值给下列变量，要符合注释里的要求。
# 这次要求把 and or 以及 not 在这几个表达式里都至少用过一次。

# 使结果 True
```

```
bool_one = not ((2 <= 2) and "AAA" == "BBB")
#这题我帮你做了

# 使结果 False
bool_two =

# 使结果 True
bool_three =

# 使结果 False
bool_four =

# 使结果 True
bool_five =
```

3.3.4　条件分支语句的用法

如果 if 语句后面的条件为真，那么就会执行冒号后的语句。

【例 1】条件分支的例子，代码如下：

```
if 8 < 9:
    print("8 比 9 小 !")
```

这里要注意，第二行 print 语句的前面需要有一个缩进，所以例子中用了四个空格符号表示。

有的代码里用两个空格或用按【Tab】键的方式来进行缩进，这样操作 Python 解释器也能识别，但建议使用四个空格的方法。而且，不要混用空格键和按【Tab】键，这也是初学者常犯的错误。

判断下面这个程序里的 print 语句是否可以执行。

```
answer = "Left"
if answer == "Left":
    print ("will this be run?")
```

【例 2】if 语法的例子，代码如下：

```
if some_function():
    # 如果上面的表达式或方法返回值为 True 时
    # 第一行要执行的代码
    # 第二行
    # 第三行到无数行
```

如果这个表达式或方法返回的值为 False，那么 if 下面的代码块（常把缩进的几行代码称为一个代码块）就不会继续执行了。另外，特别注意的是，if 表达式后面的冒号，如果不写这个冒号程序就会出错。

把下面的程序补充完整，将两处有下画线的地方分别替换成两个返回值为 True 的表达式。

```
def using_control_once():
    if _______:
        return "Success #1"

def using_control_again():
    if _______:
        return "Success #2"

print(using_control_once())
print(using_control_again())
```

注意：常常和 if 语句一起使用的还有 else 语句。

【例 3】关于 else 语句的例子，代码如下：

```
if 8 > 9:
    print("我不会被执行")
else:
    print("我会被执行")
```

如果 if 语句后的表达式为 False，那么就会执行 else 语句后的代码块。除了 if 和 else 这两个语句，再看一下 elif 语句。

【例 4】关于 elif 的例子，代码如下：

```
if 8 > 9:
    print("我不会被执行")
elif 8 < 9:
    print("我会被执行")
else:
    print("我也不会被执行")
```

elif 语句是在 if 语句后表达式不成立的前提下，再运行第二个条件语句，看成不成立；如果成立，执行 elif 语句后的代码块；如果不成立，才会执行 else 语句后的代码块。

1. 请把下面的程序补充完整，在两处下画线的地方补充代码。

```
第一个 ________ 的 if 语句要表示如果变量 answer 大于 5
第二个 ________ 的 elif 语句要表示如果变量 answer 小于 5
def greater_less_equal_5(answer):
    if ________:
        return 1
    elif ________:
        return -1
```

```
    else:
        return 0

print (greater_less_equal_5(4))
print (greater_less_equal_5(5))
print (greater_less_equal_5(6))
```

2．有一个计分程序，用于根据学生的分数（用变量 grade 表示）输出成绩等级。

```
90 以上得 "优秀"
80 - 89 得 "良好"
70 - 79 得 "尚可"
60 - 69 得 "待改进"
小于 60 得 "不及格"
```

这段程序会通过调用 grade_converter 方法，将输入的分数 grade 和上述分数段的数字进行比较，最后得到结果并输出成绩等级。

3．请把下面程序代码补充完整。

```
第一个________的 if 语句要表示如果变量 grade 大于 90
第二个________的 elif 语句要表示如果变量 grade 大于 80 并且小于 89
依此类推
def grade_converter(grade):
    if _____:
        return "优秀"
    elif _____:
        return "良好"
    elif _____:
        return "尚可"
    elif _____:
        return "待改进"
    else:
        return "不及格"

# 优秀
print (grade_converter(92))

# 尚可
print (grade_converter(70))

# 不及格
print (grade_converter(59))
```

3.3.5　程序设计：Pig Latin 翻译器

下面我们要做一个程序设计任务：Pig Latin 翻译器。我们在这个任务中将用到很多前面学过的内容，如果读者对自己有信心，建议可以看完需求之后自己先实现一遍，然后再阅读本节内容，看看自己写的程序在实现中有没有遗漏一些细节。

Pig Latin 是一个英语游戏，规则是把一个英文单词的第一个字母移到单词末尾，并加上字符串“ay”。

举个例子：“Python”就会变成“ythonpay”。特别注意的是，字母 P 在变化之前是大写的，移到末尾之后变成小写字母。

这个 Pig Latin 翻译器程序的具体需求如下。

（1）要求用户输入一个英文单词。

（2）检查用户输入的值是否为一个英文单词。

（3）把这个英文单词翻译成 Pig Latin（注意大小写变换）。

（4）将翻译结果显示在屏幕上。

Python 3 中对于汉字或其他语言字母组成的字符串，也可以正确应用各种字符串表示方法，所以我们这个程序，Python 对于汉字的输入是支持的。

值得注意的是，程序设计题一个最大的要求就是，写出来的代码要严谨。因此，在需求中有要求检查用户输入数据的类型。我们在完成一道程序设计题的要求是：写出一个能运行的程序，而不是凭感觉认为这个题目是做个字符串处理，然后只把字符串处理部分的算法写出来就可以了。

再说一句题外话，算法题和程序设计题，两者要求完全不一样。我们面试时拿到题目时，请分辨对方是要考你算法还是考你程序设计。考算法只需要列出核心算法，甚至用伪代码也可以算通过；考程序设计必须考虑各种异常情况，使程序严谨可运行。

现在就开始这个程序的设计吧。

设计一个程序的核心思路是：把大任务分解成小任务。先实现一个小目标，然后第二个，最后全部完成。本节的练习请读者全部写在一个 Python 文件中，用来组成同一个 Python 程序。

热身：请用 print 语句输出单词：“Pig Latin 翻译器”。

接下来我们要做第一步，要求输入一个英文单词。

【例 1】读取用户输入值，代码如下：

```
name = input("你叫什么名字？")
print(name)
```

在这个例子中，input 方法本身带有一个字符串：“("你叫什么名字？")”。这个字符串会被首先输出到屏幕上，作为用户输入的提示。当用户看到提示后，可以在键盘上输入一个字符串，并按回车键结束。此时 input 方法就会读取用户输入的字符串，并存储到前面的变量“(name)”中。

用语句 input(" 请输入一个英文单词 :")，要求用户输入一个英文单词，并把结果保存在变量 original 里。

接下来我们要检查用户的输入值，确保用户真的输入了一个英文单词（或其他语言单词）。

【例 2】检查一个字符串是否为空，代码如下：

```
empty_string = ""
if len(empty_string) > 0:
    # 如果不为空，就会执行这个代码块
    # 也许可以在这里 print 一些东西
    # 比如 " 这个字符串不为空 "
else:
    # 如果字符串为空，
    # 就会执行 else 后面的代码块
```

像这样，通过调用字符串 len() 和使用 if else 条件分支语句，就可以判断一个字符串是否为空，并且根据是否为空的结果来执行不同的代码块。

使用 if 语句验证上一步中用户输入的单词是否为空，确保这个单词有内容。

在程序中添加一个 if 语句检查“len(original)”是否大于 0（提示：别忘了 if 语句最后的冒号）。如果这个单词里确实包含一些内容，则把用户输入的单词用 print 语句输出到屏幕上；否则 (这里用 else 语句) 请在屏幕上用 print 语句输出这句话：“输入的单词不合法”。

这个小练习里还包含测试功能：这里要测试你写的程序，多运行几次分别输入空字符串和有内容的字符串（这就是等价类划分，只有了解了代码实现细节，才能划分出更有针对性的等价类），测试这个程序是否能顺利实现你想要的效果，当写的代码没有问题之后就可以继续往下运行了。

通过之前的检查，我们已经知道用户输入的单词是否为空了，接下来再进一步检查这个单词是否完全由英文字母（或其他语言字母）组成。

【例 3】检查一个字符串是否为纯字母，代码如下：

```
x = "J123"
x.isalpha()  # 这个语句会返回 False
```

这个例子中，第一行建立一个字符串，其中包含一些字母和数字。

第二行使用了“.isalpha()”这个字符串方法来判断字符串中是否仅包含字母。注意字符串的使用方法不仅是我们之前介绍过的 len、lower、upper、str，还有这次程序中用到的 isalpha。

用 and 给 if 语句再加一个检查条件，检查用户输入的单词是否仅包含字母。可以用“.isalpha()”这个字符串来做这个检查。再次提醒：别忘了 if 语句最后的冒号。

注意：你如果输入中文单词，那么 isalpha 里的处理方式和英文单词是一样的，它仍然会认为你的输入仅包含字母（对中文来说应该叫单字）。

我们每当完成一部分程序后，就需要对自己写的代码做一些测试或者说调试。可以说测试或调试将伴随你的整个开发过程。

花点时间对你写的程序进行测试，输入不同的单词，尽可能多地实现多种可能。换句话说，运行每一个条件分支语句为真或为假的情况。

试着输入以下输入值：

（1）一些仅含有字母的单词。

（2）一些含有字母和数字的单词。

（3）为空的单词（直接按回车键）。

这就是软件测试中典型的等价类划分场景，可以补充更多的测试输入值。

你还可以写出如下简单的检查点来替代传统的测试用例。

测试以下检查点：

（1）输入纯字母单词时，应打印原单词。

（2）输入空单词时，应提示不合法。

（3）输入含有数字的单词时，应提示不合法。

下一步我们要开始写主要功能的实现程序，也就是要把单词的第一个字母（或单字）移到这个单词的最后，并且在后面加上字母“ay”。例如：python → ythonpay。

首先创建一个变量并保存要加入的后缀字母 ay。

创建一个名为 pyg 的变量并给它赋值为后缀字母“ay”。

下一步我们来看一个例子，讲解如何把大写字母转换成小写字母。

【例 4】用 lower() 方法把字符串中的大写字母转换成小写字母，代码如下。

```
the_string = "Hello"
the_string = the_string.lower()
```

在一个字符串上调用 .lower() 方法不会改变字符串本身的值，它只会生成一个全是小写字母的新字符串。（还记得之前 2.3 节讲过的字符串方法吗？）在上面的例子中，为了让其改变字符串的值，则把这个新字符串赋值给了同一个变量（这种赋值方法是在 2.3 节里提过的变量更新）。

下面这个例子讲解怎样获取第一个字母。

【例 5】用索引获取字符串中的字母，代码如下：

```
first_letter  = the_string[0]
second_letter = the_string[1]
third_letter  = the_string[2]
```

以上代码获取字母用的是索引方法。

注意，这里的索引是从 0 开始的，索引为 0，表示取第一个字母。

1. 在你的 if 语句里完成以下操作：

创建一个变量 word 来保存 original 的小写字母。

创建一个变量 first 来保存 word 的第一个字母。

下一步我们要把刚才保存的第一个字母和之前建立的变量 pyg 中的内容添加到原来的字符串末尾，还记得如何实现字符串拼接吗？

【例 6】字符串拼接，代码如下：

```
greeting = "Hello "
name = "Test Up"
welcome = greeting + name
```

2. 在创建变量 first 的那行后面新起一行，创建一个新的变量 new_word，并把它的值设为一个字符串，这个字符串的值等于将 word、first、pyg 三个变量中保存的字符串连起来。

到这里我们写的程序已经完成得差不多了，唯一的问题就是第一个字母出现了两次：一次在最前面，一次在倒数第三个字母的位置。下面的例子讲解了字符串切片操作，用于分割字符串。

【例 7】字符串切片，代码如下：

```
s = "Charlie"

print(s[0])
# 会打出 "C"，因为 s[0] 表示取 s 的第一个字母。

print(s[1:4])
# 会打出 "har"，s[1:4] 表示取 s 的第二个字母
# （索引为 1）到第四个字母（索引为 3）
```

这里切片用的数字就是字符串里各个字母的索引。

在 new_word 的定义行下面新起一行，然后更新变量 new_word, 使它的值等于它自己的切片，起始下标为第二个字母，结束下标为最后一个字母的索引减 1。比如，“s[1:len(new_word)]”表示从第二个字母取到最后一个字母，另外也可以省略后面的“len(new_word)”，直接用 s[1:]，同样表示从第二个字母取到最后一个字母。并且再另起一行用 print 语句输出 new_word。

到这里为止，你写的 Pig Latin 翻译器已经具有较为完备的功能了，接下来可以进行完整的测试。

这时中间临时加进去的，做调试用的 print 语句也可以删掉，同时如果需要的话还可以在这些代码中添加一些注释。

我们要尽量让自己的代码保持整洁，也就是所谓的 clean code。最后再次强调一点，程序设计题在设计程序时保持严谨性非常重要，并不是仅仅写一个主要算法就算通过了。

再次测试，请按照之前小练习中的 check list 格式自己设计一些测试，并列出设计这些测试的原因或依据，比如每条 check list 覆盖了什么功能点。

3.4　函数方法

我们的代码在之前的章节中其实已经出现过函数方法了。当想要重用一段代码的时候，通常会定义一个函数方法，而不是直接把这段代码输入两遍。定义函数方法还有一个好处是可以让你的代码变得更清晰、更可读。

3.4.1　初识函数方法

下面这个例子是这样的，有一件商品价格为 315 元，可以选择两种优惠方式购买。

方式 1 为使用满减优惠，即每满 80 减 20；方式 2 为直接打八五折。

【例题】优惠价计算，代码如下：

```
def coupon(original_price):
    """
    满 80 减 20
    :param :original_price 原价
    :return: 折后价
    """
    new_price = original_price - int(original_price / 80) * 20
    print("选择满减优惠后的价格为：{}".format(new_price))
    return new_price


def discount(original_price):
    """
    打 85 折
    :param :original_price 原价
    :return: 折后价
    """
    new_price = original_price * 0.85
    print("选择直接打折后的价格为：{}".format(new_price))
    return new_price

original_price = 315
price_that_use_coupon = coupon(original_price)
price_that_use_discount = discount(original_price)
```

写一遍上面例子的程序代码，体会函数方法的用法。

注意上面例子中使用三引号作为注释，在之前的章节中也提到过。用这种方式写的注释叫作 Doc String——文档字符串，简称文档。在这个文档字符串里，首先是简单描述，然后是参数名和参数含义，最后是返回值描述。

代码如下所示：

```
    """
    打 85 折 ---- 简单描述
    :param :original_price 原价 ----   参数名和参数含义
```

```
    :return: 折后价 ---- 返回值描述
    """
-
```

此外，有时文档中还可以加入一些其他内容，比如调用语句的例子、返回值的例子、输入参数的例子等。总之其他人在使用我们写的代码时，可参照文档理解其含义。

3.4.2 函数方法定义

函数又叫作方法，我们在后面章节中统一称其为方法。

方法由以下三部分组成：

（1）方法头：def 方法名 (参数表)。

（2）文档注释：三引号中加注释。

（3）方法体：具体方法执行的内容。

【例 1】def 加上函数名和参数组成方法头，代码如下：

```
def dicount(original_price): # 这是一个接受一个参数的方法，也可以为空不接受任何参数
```

【例 2】可选的文档注释，代码如下：

```
    """
    打 85 折
    :param :original_price 原价
    :return: 折后价
    """
```

【例 3】方法体，注意缩进，代码如下：

```
    new_price = original_price * 0.85
    print("选择直接打折后的价格为：{}".format(new_price))
    return new_price
```

创建一个方法 cook，在方法体里用 print 语句输出“番茄加鸡蛋！”

注意：别忘了加文档注释，如果没有参数和返回值，则可以省略这两个部分。

3.4.3 调用和返回

一个方法定义好之后，我们就可以调用它了。

【例 1】cook 方法的调用语句，代码如下：

```
cook()
```

这个调用语句告诉程序要调用哪个方法，并且使用什么参数调用这个方法。然后就会执行方法体里面的语句。

【例 2】计算平方的方法，代码如下：

```
def square(n):
    """
    计算一个数字的平方
    :param n:
    :return: 这个数字的平方值
    """
    squared = n ** 2
    print("{} 的平方是 {}." .format(n, squared))
    return squared
```

注意这里的 return 语句，是把方法体内部的数值返回到调用方法的地方去。这个返回值在调用的地方可以赋值给变量，也可以直接拿来使用。

小练习

1. 用数字 10 作为参数调用计算平方的方法（可把 10 放到方法调用时的括号里）。

2. 把 square 方法里的 print 语句删掉，然后添加以下调用语句并运行。

【例 3】调用 square 方法，代码如下：

```
my_number_squared = square(10)
print (my_number_squared)  # 会输出 100，说明返回值保存在 my_number_squared 中
print (square(10))  # 也会输出 100!，这是不保存结果直接 print 这个方法的返回值
```

第一行中返回值保存在变量里，而第三行是直接使用了返回值，没有保存在变量里。

上述例子中 return 都在方法末尾，那么如果不在方法末尾会怎么样？

如果 return 语句不在方法的末尾，则方法运行时会在遇到 return 语句后返回，也就是运行到 return 后就退出这个方法，则 return 语句后的任何语句都不会被执行。

【例 4】以下命令执行后，a 的值就变为“5”了，而 print 语句并不会被执行。

```
def method_1():
    return 5
    print(" 我不会被执行 ")

a = method_1()
```

我们在之前的章节中常常使用 print 语句，那么 return 语句和 print 语句的区别是什么？

return 语句用来在方法体内做返回。print 语句用来向屏幕上输出内容，两者完全不同，print 并没有返回功能。如果你看到一个方法里没有写 return，那么没写 return 的方法会在执行完方法体后自动返回一个空值。我们要养成在方法体内把结果用 return 语句返回的习惯，以便

把方法的结果存放到变量中，而不是在方法体最后使用 print 语句，因为 print 没有返回功能。

3.4.4 参数表和传入值

学过编程的人可能都听说过这两个名词：形参和实参。实际上这两个名词过于抽象，很多人都搞不清楚到底是什么意思。不过没关系，我们只需要会使用参数以及理解参数的含义就可以了。这里把对应的概念称为参数表和传入值。

首先看一下 3.4.3 节中【例 2】计算平方的方法头。

```
def square(n):
```

这里，变量 n 是方法 square 的一个参数，也叫作 parameter。这个变量 *n* 只能在方法体内部使用，代表传进来的参数值。它的意思是：方法 square 被调用时，可能会传入任何你想要的值作为传给 square 的参数值，我们在定义这个方法的时候，用变量 *n* 暂时代表之后会传入的参数值。

一个方法可以有很多这种参数，方法头括号里的部分，称为参数表，由任意一个参数组成。

而实际调用方法时我们给 square 方法传入的值，叫作传入值，也称为 argument。回忆一下 3.4.3 节【例 3】中调用方法 square 时的调用语句，代码如下。

```
square(10)
```

调用这个方法的时候传入的参数值为 10，也就是说赋给变量 n 的值为 10。

一个方法有多少个参数，在调用这个方法时就要传入多少个参数值。我们不用特别记住形参、实参，只要记住参数表和传入值（其实参数表就是形参，传入值就是实参）即可。

注意：

定义一个方法时，需要在方法头里定义这个方法需要的参数（参数表）。

调用一个方法时，需要给这个方法传入符合方法头定义的传入参数值。

下面这个方法 power，接受两个参数 base 和 exponent。这个方法用于计算 base 的 exponent 次方，也就是一个乘方函数。请把这个函数的参数表和传入参数值补充完整。把方法头中横线“___”部分替换成两个参数 base 和 exponent，并把方法调用中的“___”部分替换成两个参数值，即 base 为 35，exponent 为 3。

请把以下程序补充完整：

```
def power(___):   # 把这个方法头的参数表补充完整
    result = base ** exponent
    print("{} 的{}次方等于{}.".format(base, exponent, result))

power(___)   #  把调用这个方法需要用的传入值补充完整
```

3.4.5　方法调用方法

前面的例子中我们都在使用方法输出一些文本或是做一些数学运算。而实际上方法可以做更多的事情。比如，一个方法内部可以调用另外一个方法。

【例题】方法调用，代码如下：

```
def fun_one(n):
    return n * 5

def fun_two(m):
    return fun_one(m) + 7
```

在这个例子中，方法 fun_one 接受一个参数 n，并返回 n 的 5 倍。

而方法 fun_two 接受一个参数 m，并用 m 的值做为传入参数值调用 fun_one，之后把 fun_one 返回的结果加上 7，作为 fun_two 的返回值。也就是在 fun_two 的方法体中调用了 fun_one。

1. 改写下面的代码。

下面代码中，方法 add_one 接受一个参数 n，并返回 n+1 的值。

而方法 add_two 接受另一个参数 n，并返回 n+2 的值。请用“方法调用的方法”改写方法 add_two。效仿上面的 fun_two，把方法体内部实现改成先对传入参数调用 add_one 之后再加 1。

改写程序代码如下：

```
def add_one(n):
    return n + 1

def add_two(n):
    return n + 2
```

2. 写一个方法，接受一个数字作为传入参数，如果输入的数字能被 3 整除，那么返回这个数的立方；否则返回 False。

3. 定义一个计算立方的方法 cube，接受的参数名是 n。

在方法体里返回这个数字 n 的三次方。可以用 $n*n*n$ 或 n**3 来表示并计算 n 的三次方。

4. 定义一个方法名为 test_three，接受的参数名也是 n。

在方法体里做一个判断，如果输入的参数 *n* 能被 3 整除，那么通过调用上面定义的 cube 方法来计算 *n* 的三次方并作为返回值；否则，直接返回 False。

注意：写这些方法时别忘了加文档注释，从现在开始养成给每个方法加上文档注释的好习惯。

3.4.6 模块的导入

我们在之前的章节中已经用过 import 语句导入 datetime 库，这是一个标准库，在 Python 中除了标准库，还有第三方库。

1．尝试了解什么是第三方库，在搜索引擎中搜索关键字“Python 第三方库”。

除了标准库和第三方库，我们也可以自己动手写一些开源的库。库由模块组成，因此我们要使用一个库或者使用一个库中的某个模块，就要先导入这个库或模块。

2．尝试了解库和模块的区别，在搜索引擎中搜索关键字“Python 库和模块区别”。

开始之前我们先来看一个例子。

【例 1】没有定义方法。

```
print(sqrt(25))
```

运行后这个程序会直接报错。

```
NameError: name 'sqrt' is not defined
```

因为我们没有定义这个方法，也没有通过 import 语句导入这个方法。

尝试了解一些常用的第三方库，在搜索引擎中搜索下面的库名，了解这些库的一些信息。

（1）Requests：用来处理 http 请求，包括我们做的接口测试。

（2）Scrapy：网络爬虫。

（3）Beautiful Soup：处理 html、xml 等数据，常与 Requests 库和 Scrapy 库一起使用。

（4）NumPy：用来做科学计算的库。

（5）Matplotlib：用来做数据可视化的库。

前面报错信息的意思是“Python 不知道 sqrt 是什么”，因为它之前没有被定义过。

但其实这个方法被定义过了，只是定义在 math 这个库里面。

【例 2】直接导入 math 库，代码如下：

```
import math
```

【例 3】用 math.sqrt() 方式调用 sqrt 方法，代码如下：

```
import math
print (math.sqrt(25))
```

这是通过“import+ 库名”这样的方式调用库中的方法，此外，我们还可以只导入 import 的具体方法，用“from 模块名 +import 方法名”这样的方式单独导入某个我们要用的方法。

注意，这里导入方法时不需要加括号，代码如下：

```
from math import sqrt
```

这样，导入了 math 库里的 sqrt 方法，在这个导入语句以后的代码中，就可以直接使用 sqrt 方法。这种导入方法也是最推荐的用法之一。

尝试了解 Python 3 的 math 库里还有什么其他方法，以及这些方法分别有什么作用。这次不给出关键字，请读者自己尝试搜索答案。

如何用 import 一次性导入所有方法：

如果我们想要导入以及使用一个库或模块中的所有方法，而不是每次都输入很长的调用语句，那么可以用 import 一次性导入某个模块的所有方法来表示。

语法是“from 模块名　import *”，这个星号表示所有方法。

用这种方法一次性导入 math 模块的所有方法。

然后再运行【例 1】中的程序。

注意：一般不建议用这种导入所有方法的用法。因为它可能会导致名字重复，并且可能是很隐蔽的。从而导致定义的方法与导入的模块内的方法有重名的情况出现。

小练习

用下面的代码输出 math 中的所有方法。

```
import math
everything = dir(math)
print(everything)
```

我们怎样知道一个模块中有哪些方法呢？可以用搜索和查找文档的方式。官方标准库有官方文档，第三方库有第三方库的文档。如果英文资料看不懂，可以找中文翻译版本，实在不行用翻译软件实时翻译。

3.4.7 更多的内建方法

在 3.4.6 节里我们讲解如何导入方法，其实有一些方法不用导入可以直接使用，也就是 Python 的内建方法。之前在讲字符串时，已经用过一些内建方法，比如 upper()、lower()、str()。除了这些字符串操作方法以外，还有更多的内建方法。

【例 1】求最大值、最小值和绝对值的方法，代码如下：

```
def biggest_number(*args):
    print (max(args))
    return max(args)

def smallest_number(*args):
    print (min(args))
    return min(args)

def distance_from_zero(arg):
    print (abs(arg))
    return abs(arg)

biggest_number(-10, -5, 5, 10)
smallest_number(-10, -5, 5, 10)
distance_from_zero(-10)
```

这里依次介绍用到的三个内建函数：

（1）max()：接收任意数量的数字，返回其最大值。

（2）min()：接收任意数量的数字，返回其最小值。

（3）abs()：接收一个数字，返回其绝对值。

【例 2】type() 的例子，代码如下：

```
print (type(42))
print (type(4.2))
print (type('面包'))
```

在【例 2】中使用的内建方法 type()，可以返回传入参数的数据类型，则【例 2】的运行结果如下：

```
<class 'int'>
<class 'float'>
<class 'str'>
```

注意这个方法可以用来检查用户输入的数据类型。

尝试了解 Python 的常用内建方法，搜索关键字“Python 内建方法”。

可能注意到了在【例 1】中前两个方法的参数表里的参数名是带星号的，而使用时又不带星号。这是因为带星号的参数名表示传入值是一个元组，也就是说这个方法可以接受任意数字；而它在方法体里可以直接使用，不管传入几个数字，都被放在变量 args 中。星号只会出现在方法头的参数表中，其他地方使用变量不需要加星号。

1. 修改【例 1】的代码，在方法体中对变量 args 使用 type 方法，查看传入参数值的数据类型。然后尝试改变传入数字的数量，看看这个数据类型会不会有变化。

2. 定义一个方法 shut_down，并接受一个传入参数 s。

   如果传入的参数值等于“yes”，那么这个方法返回“关闭执行中”。

   如果传入的参数值等于“no”，那么这个方法返回“已取消关闭操作”。

   如果传入的参数等于其他任何值，那么这个方法返回“对不起，无法执行”。

   注意，请使用语句 if、elif 还有 else，以及别忘了写方法的文档注释。

3. 导入 math 模块中的 sqrt 方法（还记得导入一个方法的三种方式吗），然后用它求 13 689 的平方根，并用 print 语句输出结果。

4. 定义一个方法 distance_from_zero，接受一个传入参数，参数名自拟。

如果传入参数类型是 int 或 float，返回传入参数的绝对值。

否则，返回“算不了”。

提示：可以用这种判断条件来判断一个数字是否是整数，如 type(15)==int。

下面的练习，我们将模拟计算一次旅行花费，请全部写在同一个 Python 文件里，并组成同一个 Python 程序。

5．定义一个方法 hotel_cost，接受一个参数 nights。

这个方法用于计算住宿费用，如标准房 488 元一天，nights 表示住几天。

返回所花费的费用。

6．定义一个方法 train_cost，接受一个参数 city。

这个方法用于计算高铁费用，city 表示城市的名字。

从出发地到各个城市的单程高铁费用为：

上海 92.5 元；

南京 117.5 元；

苏州 111.5 元；

西安 653.5 元。

返回到达输入城市所需的花费。

7．定义一个方法 rent_cat_cost，接受一个参数 days。

这个方法用于计算租车费用。

租车的价格是 78 元 / 天。

如果租车超过 7 天可以优惠 67 元。

如果租车超过 3 天可以优惠 20 元。

只能同时享受一种优惠方案，也就是不可以叠加。

返回租车的费用。

8．定义一个方法 trip_cost，接受两个参数：city 和 days。

这个方法用于计算旅行的总花费。

旅行总花费 = 租车费用 + 住宿费用 + 高铁费用。

在这个方法里调用前面定义的方法计算这个总费用。

提示 1：这次旅行是某一天早上出发，如果旅行 7 天，只要住 6 晚。

提示 2：高铁费用要计算来回总价。

9．修改 trip_cost 方法，增加一个参数 spending_money，表示零花钱。

把这个费用计入总费用中。

● 计算一下西安旅行 5 天的花费，零花钱为 3000 元。

再计算一下上海旅行 2 天的花费，零花钱为 4000 元。

3.5　列表和字典

列表和字典是两种常用的数据类型，列表用来存取一列的值，类似于数组。而字典用来存取键值对。

3.5.1　初识列表

列表 list 是一种用于存取一系列元素的数据类型。我们之前还学过其他数据类型，比如字符串、数字和布尔值。列表有点像数学中的数列，但它的元素不仅是数字，各种数据类型的元素都可以。

定义列表的语法如下所示：

```
列表名 = [元素_1, 元素_2]
```

【例 1】一个表示早餐的列表，代码如下：

```
breakfast  = ["鸡蛋"."香蕉","大饼"]
```

方括号里的是这个列表里包含的元素，在【例 1】里，元素的数据类型是字符串。

列表的元素也可以为空。

【例 2】空列表，代码如下：

```
empty_list = [].
```

列表和字符串是很相似的数据类型，但有一些关键的不同点，在后续学习中可以注意一下。

修改【例 1】中的列表，在最后加个煎饺，这样才吃得饱。

存储在列表中的元素，可以通过索引或者下标 index 来访问。像这样：

```
list_name[index]
```

这里，下标是一个数字，表示要取出列表中的第几个元素。

特别注意：

列表的下标计数是从 0 开始的。

所以取第一个元素是：

```
list_name[0]
```

而取第二个元素是：

```
list_name[1]
```

用 Python 语句计算下面列表中的第二个元素和第四个元素的和。

记得用上这一节学的读取列表中的元素值的操作。

```
numbers = [5, 6, 7, 8]
```

用列表名加下标的方式读取出来的元素和普通变量一样，可以对其进行赋值。

【例 3】把大饼换成吐司，代码如下：

```
breakfast  = ["鸡蛋"."香蕉","大饼"]
breakfast[2]="吐司"
```

仿照【例 3】，把香蕉也换掉，可以换成你喜欢的任意水果。

3.5.2 追加元素

列表的元素是可变的，除了可以修改，还可以追加。

【例题】列表里的元素增加后，长度发生了变化，代码如下：

```
letters = ['a', 'b', 'c']
print(letters)
print(len(letters))
letters.append('d')
print(len(letters))
print(letters)
```

这里定义一个列表 letters，里面放入 3 个元素。

然后用 len() 方法求列表的长度。还记得之前字符串一节里讲的内建方法吗，len() 除了对字符串有效，还对很多数据类型有效。

接着用 append() 方法从列表里追加一个元素：字母 d。还记得用点号调用方法和直接调用方法的区别吗？直接调用的内建方法，往往支持多种数据类型；而用点号调用的，只支持一种数据类型。也就是说 append 只能对列表使用，而 len 可以对字符串、列表等更多的数据类型使用。

1．除了列表和字符串，还有个数据类型和它们很相似：元组。搜索并了解元组，注意元组和列表的区别：它的元素是不可变的，不能修改，也不能追加。

2．把下面代码补充完整，要求用 append 方法往列表 suitcase 里追加一些元素。

```
# 这是一个手提箱，你要往里面放东西，
# 请把______替换成你的代码
suitcase = []
suitcase.append("眼镜")

# 代码写在下面：
______
______
______
list_length =______# 读取 suitcase 的列表长度

print("手提箱里有{}件东西".format(list_length))
print(suitcase)
```

3.5.3　列表切片和字符串切片

有时我们想要读取列表的一部分元素，可以考虑用切片功能来操作。

【例 1】取下标为 1 和 2 的元素，代码如下：

```
letters = ['a', 'b', 'c', 'd', 'e']
slice = letters[1:3]
print(slice)
print(letters)
```

第一行定义一个列表。

第二行创建一个变量，其值为第一个列表的切片，从下标为 1 到 3，但不包括 3。也就是说，列表切片的语法是：列表名 [起始下标 _ 含 : 结束下标 _ 不含]。

第三行打印这个变量，显然这个变量也是一个列表。

第四行打印原列表，原列表并不会因为使用切片功能而受到任何影响。

补全下面的代码，要求把这个列表平均分成三段，并且分别打印显示出来。

```
suitcase = ["眼镜", "帽子", "护照", "笔记本电脑", "外套", "鞋子"]

# 取第一和第二个元素（下标 0 和 1）
first = ________
print(first)

# 取第三个和第四个元素 （下标 2 和 3)
middle = ________
print(middle)

# 取第五和第六个元素 （下标 4 和 5)
last = ________
print(last)
```

除了【例 1】中介绍的切片方法以外，还有一种很常见的方法是只填写一个数字。

【例 2】从头开始的切片一直到结尾的切片，代码如下：

```
letters = ['a', 'b', 'c', 'd', 'e']
slice = letters[:3]
print(slice)
slice = letters[3:]
print(slice)
```

对上一个练习后的代码进行追加，仿照【例 2】把这个列表划分成前后两段，分别是 first_half 和 second_half，然后分别打印显示出来。

【例 3】反向切片，代码如下：

```
letters = ['a', 'b', 'c', 'd', 'e']
slice = letters[:-3]
print(slice)
slice = letters[-3:]
print(slice)
```

【例 3】和【例 2】的区别是数字下标上带有负号。那么含义就变了，-3 表示倒数第三个元素，也就是说第二行的切片是从列表头开始，直到倒数第三个元素结束，并且不包含倒数第三个元素。第四行的切片则是从倒数第三个元素开始，到列表末尾。

在字符串“abcde”上参照【例 3】做切片操作。第一行改成：letters = “abcde”。可以看到，字符串切片和列表切片是一模一样的。然后把其他例子也改成对字符串做切片操作，看看结果吧。

3.5.4　插入元素

【例 1】取列表元素所在下标，代码如下：

```
animals = ["猫", "狗", "兔"]
print(animals.index("狗"))
```

第一行中定义一个列表 animals，里面有三个字符串。

第二行中用 index 方法来取“狗”的下标；结果是 1。

那么接下来就是插入元素的例子。

【例 2】在下标为 1 的位置插入元素，代码如下：

```
animals.insert(1, "鸟")
print(animals)
```

第一行从原本下标为 1 的位置插入一个元素。

第二行打印出：[“猫”,“鸟”,“狗”,“兔”]，可以看到原本处于下标为 1 的位置的元素被挤到后面去了。

在【例 1】和【例 2】的基础上继续修改：先取元素“狗”现在的下标，然后在这个下标处插入新的元素“牛”。

3.5.5　遍历

如果要对列表中的所有元素都操作一遍，可以用 for 循环来做遍历。

【例题】遍历一个列表，代码如下：

```
animals = ["猫", "狗", "兔"]
for variable in animals:
    print(variable)
```

第一行定义一个列表。

第二行，这里的语法是：for 临时变量名 in 列表名。注意别忘了列表名后面的冒号。

第三行开始的缩进代码块表示 for 循环的循环体。

在这个 for 循环中，Python 会从列表里依次取出每一个元素，然后对每个元素运行一遍循环体里的语句，在这个例子中就是 print 语句。每个被取出的元素，都会存放到临时变量中，这个临时变量就是在 for 后面定义的临时变量名。在这个例子中，每个被取出的元素都暂时存放在临时变量 variable 里。

注意，有些编程基础的人可能学过 C 语言，在传统的 C 语言或 Java 书中，很多都用字母 i 来做临时变量，这种写法可读性不强。在【例 1】中使用的 variable 其实也是可读性不强的，只是用它表示一个临时变量名。我们在写代码时要考虑可读性，避免使用谜一般的变量名。

除了使用 print 方法，我们还可以对这个临时变量做其他操作。

请把下面代码补充完整：

请遍历这个列表 my_list，输出每个数字的两倍数字。

提示：临时变量为 num，然后打印 num*2。

```
my_list = [1,9,3,8,5,7]

for number in my_list:
    # 你的代码写这里
```

3.5.6 排序

有时候列表元素的顺序很重要，我们可能需要对它进行排序。

【例 1】排序的例子，代码如下：

```
animals = ["cat", "ant", "bat"]
animals.sort()

for animal in animals:
    print(animal)

print(animals)
```

这里我们在定义列表时使用英文字符串，对英文字符串进行排序，默认会按字母顺序排列。第二行调用了 sort 方法来做排序，中间两行把列表打印出来，最后一行又打印了一遍原来的列表 animal，这次打印出来的就是 ['ant', 'bat', 'cat']。

可以看出，sort 方法改变了原始列表的顺序。

如果我们不想改变原列表的顺序，而只想要排序后的值呢？此时可以用 sorted 方法。

【例 2】不改变原列表的排序方法，代码如下：

```
animals = ["cat", "ant", "bat"]
print(sorted(animals))
print(animals)
```

可以看到第二行打印出排序好的列表，而第三行又打印出了未排序的列表。

这里的 sorted 方法可以在不修改原列表的情况下做排序。

注意，sort 方法是在列表上用点号调用，而 sorted 方法是把列表作为参数传给它来调用。之前也讲过了，点号调用说明这个方法是列表专属，而把列表作为参数传给 sorted 来调用则说明：① sorted 是一个内建方法；② sorted 能接受的数据类型不仅是列表。

把下面代码补充完整：

对列表 start_list 做遍历，并把其中每个元素的二次方作为新的元素追加进列表 square_list，并对 square_list 进行排序，之后打印输出。

```
start_list = [5, 3, 1, 2, 4]
square_list = []

# 你的代码写这里


print(square_list)
```

3.5.7　初识字典

字典是一个和列表很相似的数据类型，但它的特点是下标不一定是数字，叫作“键”（key）。key 可以是数字也可以是字符串。另外，字典里的元素只能通过 key 来访问。

【例 1】字典的定义，代码如下：

```
d = {'key1' : 1, 'key2' : 2, 'key3' : 3}
```

这里定义一个字典 d，它有三个元素，这里我们把“'key1' : 1”这样的一对看成一个元素。为了表示字典元素成对出现，因此给它起了个名字叫作键值对（key-value）。

键值对的概念有点像手机通讯录，前面的 key 就是人名，后面的值就是电话号码。

也就是说，这里有键 key1 对应值 1，键 key2 对应值 2，依此类推。

字典也是我们最常用的数据类型之一，获取字典里的元素的方式和列表类似。

【例 2】取字典里的元素，代码如下：

```
d = {'key1' : 1, 'key2' : 2, 'key3' : 3}
print(d['key1'])
```

这个例子里要取 key1 对应的值，它的语法和取列表元素是一样的，只是把数字下标换成字符串 key。

把下面代码补充完整。

下面的代码里显示打印出了小红的电话号码，请把小明和韩梅梅的电话号码也显示打印出来。

```
phone_numbers = {"小红": 13712345678, "小明": 13712345678, "韩梅梅": 13787654321, }

print(phone_numbers['小红'])
# 你的代码写这里
```

字典和列表一样，也是可变的数据类型（元组不可变）。

可变的数据类型意味着其内容可以修改，字典可以插入新的键值。

语法是：字典名 [新的 key] = 新的值。

此外，也可以用 {} 来表示空字典，可以用 len 方法显示字典里的键值对个数。键值对的值不一定是字符串或数字，也可以是其他数据类型。比如你可以把列表放在字典里作为某个 key 对应的值。

字典里，不同的 key 可以对应相同的值，上面的小练习中两个人有同样的电话号码。key 不可以重复，如果重复就会有一个值取不到。

1．尝试定义一个字典，使用重复的 key，看看系统会不会报错。

2．定义一个空字典，然后往里面插入几个元素。最后求其中元素的个数并打印出来。

3．把下面代码补充完整：

```
menu = {} # 空字典
menu['蟹粉小笼'] = 49.50 # 添加了一道菜
print(menu['蟹粉小笼'])

# 你的代码写这里：多加几道菜
```

```
print("菜单上总共{}道菜".format(len(menu)))
print(menu)
```

修改元素内容的语法如下：

```
字典名[原有的key] = 新的值
```

修改上一个练习中蟹粉小笼的价格为 39 元，并显示打印出来。

3.5.8 删除元素

之前说过字典内容是可变的，那么当我们要删除一个元素时，可以有以下几种操作。

【例 1】从字典里删除一个元素，代码如下：

```
del 字典名[key]
```

这里使用 del 语句从指定的字典中删掉指定的键值对。列表是可变的，也可以从其中删除元素。

【例 2】从列表里删除一个元素，代码如下：

```
colors = ["红","黄","蓝","绿","紫"]
del colors[1]
print(colors)
colors.remove("绿")
print(colors)
```

第二行使用以下删除元素的语法：

```
del 列表名[下标]
```

这样就把下标为 1 的元素从列表中删除了。

第四行使用以下删除元素的语法：

```
列表名.remove(元素的值)
```

这样可把值为“绿”的元素删除了。

列表里的元素可以重复出现多次，那么用 remove 删除时会删掉哪一个呢？

请定义一个含有重复元素的列表，并且调用 remove 方法进行尝试。

3.5.9 遍历字典

前面介绍过用 for 遍历一个列表，这次我们来尝试遍历字典。

【例 1】用 key 遍历一个字典，代码如下：

```
d = {"foo" : "bar","foo2": "bar2"}

for key in d:
    print(d[key])
```

这种方式相当于用字典 d 的 key 组成了一个列表 ["foo", "foo2"]，然后遍历这个列表。

注意，其中“for key in d”这里的“key”也是一个临时变量名，可以使用其他名字代替。

【例 2】用“key，value”遍历一个字典，代码如下：

```
d = {"foo" : "bar","foo2": "bar2"}

for key,value in d.items():
    print(key)
    print(value)
```

这种遍历方式可以直接得到键值对的值。

第三行仍然是输出 key。

第四行“print(value)”直接输出了值。

遍历并输出这个字典的所有值，代码如下：

```
webster = {
  "Aardvark" : "A star of a popular children's cartoon show.",
  "Baa" : "The sound a goat makes.",
  "Carpet": "Goes on the floor.",
  "Dab": "A small amount."
}
```

3.5.10 复习

请看以下例子：

【例 1】一个比较复杂的字典，代码如下：

```
my_dict = {
  "零食": ["蛋糕", "巧克力", "牛奶", "薯片"],
  "零钱": 45,
```

```
    "天气": "晴"
  }
  print (my_dict["零食"][0])
```

这个例子中，定义了一个内含各种数据类型的字典。

（1）“零食”对应的值是一个列表。

（2）“零钱”对应的值是一个整数。

（3）“天气”对应的值是一个字符串。

最后一行我们要打印显示蛋糕，首先，从字典中取出“"零食":my_dict["零食"]”，然后因为“my_dict["零食"]”是一个列表，取列表中的元素要用数字下标，就变成了以下代码：

```
  my_dict["零食"][0]
```

注意：字典里的列表或者列表里的列表等叠加的数据类型里的值，也可以通过多次使用下标的方式读取出来。

1. 请把下面代码补充完整：

（1）给字典 inventory 新增一个 key，叫作“零食”。

给这个 key 对应的值赋一个列表，这个列表里包含三个字符串“苹果”“面包”“牛奶”。

（2）用 sort 方法对大口袋里的东西进行排序。

（3）从大口袋里 remove 去掉“毛巾”。

（4）给零钱增加 50。

```
inventory = {
  '零钱' : 500,
  '小口袋' : ['小刀', '绳子', '手套'], # 请给"小口袋"重新赋值为一个新的列表
  '大口袋' : ['帐篷', '水杯', '睡袋', '毛巾']
}

# 往字典里加了一个 key 并且赋值为一个列表的例子
inventory['电子设备'] = ['手机', '平板', '相机']

# 给字典中的一个元素的值排序的例子
inventory['小口袋'].sort()

# 你的代码写在这里
```

2. 使用 for 循环把这个列表里的人名依次显示打印出来。

```
names = ["Adam","Alex","Mariah","Martine","Columbus"]
```

注意，我们可以随意指定 for 循环中临时变量的名字，但是不要用 Python 的保留字做临时变量名。

也就是说不要这样写：for del in xxx。

实际上我们定义任何变量都要避免使用 Python 保留字或内建函数名称相同的变量名。

3．在搜索引擎中搜索并阅读：“Python 保留字”。

4．使用以下代码显示并打印所有保留字。

```
import keyword
print(keyword.kwlist)
```

然后从中找出不认识的，在搜索引擎中搜索并了解其用法。

5．条件分支加循环的练习。

在 for 循环中的循环体部分可以包含很多内容，比如放入条件分支语句。

【例 2】条件分支加循环，代码如下：

```
numbers = [1, 3, 4, 7]
for number in numbers:
    if number > 6:
        print (number)
```

这个例子中，只会输出列表中比 6 大的元素。

1．请仿照【例 2】定义一个列表 a，其中包含一些数字，遍历并输出其中能被 2 整除的数字。

提示：如果一个数字 *x* 能被 2 整除，用 Python 表示就是：“x%2==0”，用 if 来判断列表中的各个数字是否能被 2 整除吧。

2．FizzBuzz 的练习：

请用 print 语句输出 1 到 100 的自然数，并且需要把其中的一些数字替换成以下指定的单词。当这个数字是 3 的倍数时，替换成 Fizz；当这个数字是 5 的倍数时，替换成 Buzz；当它既是 3 的倍数又是 5 的倍数时，替换成 FizzBuzz。

然后自己思考并验证这个程序写得对不对。

提示：1 到 100 的自然数可以用内建方法 range 来得到：range(1,101) 遍历这个就可以了。

方法也可以接受列表作为其参数，并对列表进行一系列操作。

【例 3】列表加方法，代码如下：

```
def count_small(numbers):
    total = 0
    for n in numbers:
        if n < 10:
            total = total + 1
    return total
```

```
lotto = [4, 8, 15, 16, 23, 42]
small = count_small(lotto)
print(small)
```

这个例子中，定义了一个方法判断一个列表中有几个值小于 10。

方法 count_small 接受了一个列表 numbers 作为其传入参数，然后在方法内部定义了一个变量 total，初始值为 0。接着对列表 numbers 做了一个遍历，在遍历循环体中判断列表元素是否小于 10，如果小于 10，则对 total 加 1。最后返回了 total 的值。

最后三行是定义一个列表 lotto，然后对它调用方法 count_small，并把方法的返回值显示打印出来。

请定义一个方法，名字叫作 fizz_count，接受一个传入参数，传入参数的类型是列表。这个方法用来统计字符串 Fizz 在传入参数中出现的次数。

具体步骤：

（1）定义一个方法 fizz_count，接受参数 x。

（2）创建一个变量 count，初始值为 0。

（3）用 for 遍历 x，然后用 if 判断元素是否等于字符串“Fizz”，如果是，则对 count 加 1。

（4）循环结束后把 count 作为返回值。

最后把 FizzBuzz 练习中显示打出来的字符串改成列表（可以通过修改 FizzBuzz 练习的代码直接生成一个列表），作为这题的传入参数值来调用 fizz count 方法，并把计算结果显示打印出来。

参考答案：27，你算对了吗？

之前也提过字符串和列表很相似，也可以看成是字符的列表，运行下面的代码。

```
for letter in "I like 软件测试":
    print(letter)

# 用来换行的 print
print()
print()

word = "Programming is fun!"

for letter in word:
    if letter == "i":
        print(letter)
```

3.6 程序设计专题 1

程序设计专题的意思是，会带着大家一起写一个小程序。

3.6.1 练习：水果店

以下练习全部写在同一个文件里。在这个练习中，你将要模拟经营一家水果店，并计算客人购买水果时需要支付的金额。

1．定义一个字典 prices，表示各种水果的价格，里面包含的键值对如下：

```
"banana": 4,
"apple": 2,
"orange": 1.5,
"pear": 3
```

2．定义一个字典 stock，表示各种水果的库存，里面包含的键值对如下：

```
"banana": 6,
"apple": 0,
"orange": 32,
"pear": 15
```

3．写一个方法 list_fruit，接受两个字典类型的参数 prices 和 stock。

在方法体里遍历这两个字典，并打印出各个水果的名称、售价和库存。

如下代码为第一个水果打印出来的结果。

```
banana
售价 4
现有数量 6
```

提示：这两个传入的字典的 key 是一样的，用 key 遍历的方式可以一次遍历两个字典。

代码如下：

```
for key in dict_1.keys():
print(dict_1[key])   #通过遍历字典 1 的 key，同时打印出 字典 1 和字典 2 的值
print(dict_2[key])
```

4．写一个方法 total_money，计算如果这些水果都卖完的话能收到多少钱。

这个方法也接受两个字典类型的参数 price 和 stock。

（1）在方法体内计算总价。

（2）总价 = 各种水果的合计价格之和。

（3）每种水果的合计价格 = 水果的单价 × 现有数量。

（4）调用一下这个方法并把总金额打印出来。

5．定义一个列表 food，包含元素有“banana”“orange”“apple”。

6．定义一个方法为 compute_bill，接受一个列表参数 food，以及两个字典参数 prices 和 stock。

这个列表 food 的传入值就是前面定义过的列表 food。

然后利用之前定义的字典 prices，计算并返回购买这些食物时需要支付的总价。

这里，列表上的食物每种只会购买一个，并且在计算总价时先不考虑现有库存数量是不是足够。

7 修改 compute_bill，在计算总价之前加一个 if 语句进行判断，如果这种水果库存大于 0，才可以进行购买和计入总价；如果库存小于 0，那么在购买并计算总价之后，把 stock 字典里对应的水果的库存数量减 1。

8．进一步修改 compute_bill，把传入参数 food 改成一个字典，这个字典的 key 是要买的水果名称，值是要买的数量，代码如下所示。

```
    "banana": 8,
    "apple": 3,
    "orange": 2,
```

在 compute_bill 里计算总价，每种水果的总价等于单价乘以购买数量。

而购买数量又不能超过库存，如果超过了库存，那么就是买库存数的水果数量。

最后返回的还是购买时的总价。

提示：

这里的思路是这样的：先 for 循环遍历字典 food，然后在每一次循环里计算当前水果的购买价，并加入要返回的总价里。计算当前水果的购买价需要先从 prices 里取出它的单价，再从 food 里取出它的购买量，然后判断购买量是否大于库存量。如果是，则用库存量作为新的购买量。接着单价 * 购买量就可算出当前水果的购买价格。通过循环，把各种水果的购买价格加起来，就等于总价了。

参考答案：27。

3.6.2　练习：算分数

以下练习全部写在同一个文件里。在这个练习中，你将要模拟当一次老师。

1．定义三个字典 lilei、hanmeimei、jim 代表三个学生的成绩单。

这三个字典的 key 都有这些“name”“homework”“quizzes”和“tests”。

其中“name”对应的值为名字，比如 lilei 的 name 是 Lilei，也就是首字母大写。

其他 key 对应的值都是空的列表，用 [] 可以定义空列表。

2．给这三个字典里的空列表赋值，以下是这三个学生的成绩。

（1）lilei 的成绩：

Homework: 90, 97, 75, 92；（这里四个值就是从空列表里插入的四个元素）

Quizzes: 88, 40, 94；

Test Scores: 75, 90。

（2）hanmeimei 的成绩：

Homework: 100, 92, 98, 100；

Quizzes: 82, 83, 91；

Test Scores: 89, 97。

（3）jim 的成绩：

Homework: 0, 87, 75, 22；

Quizzes: 0, 75, 78；

Test Scores: 100, 100。

3．创建一个列表 students，列表里的元素为上面的三个字典。

4．遍历这个列表 students，然后进行如下操作：

（1）print 每个学生的 name；

（2）print 每个学生的 homework；

（3）print 每个学生的 quizzes；

（4）print 每个学生的 tests。

5．定义一个方法 average 接受一个列表 numbers 作为参数，并返回这个列表里所有元素的平均值。在这个方法里，用内建函数 sum() 求传入的列表的数字和，把 numbers 作为参数传递给 sum。然后把 sum 的结果保存在变量 total 里，再用 total 除以 numbers 里数字的个数，得到平均值。用 len 方法可以求 numbers 里数字的个数。最后，返回这个平均值。

6．接下来要给各种分值加上权重。

定义一个方法叫作 get_average，这个方法接受一个代表学生成绩单的字典类型参数 student，传入的值可以是 lilei、hanmeimei 或者 jim。这个方法需要返回该学生经过权重计算后的平均分。在方法里定义一个变量 homework，然后给它赋值："student["homework"]"列表使用之前定义的 average 方法来计算其平均值，并赋值给 homework。

然后定义变量 quizzes 和 tests，赋值方式和上面 homework 类似。

接下来对三个平均数分别乘以它们的权重：

（1）homework 回家做作业占 10%；

（2）quizzes 小测验占 30%；

（3）tests 考试占 60%。

再把这三个计算过权重的平均分数加起来，作为最终分数，也就是这个方法的返回值。

这样，用 get_average 方法就可以计算一个学生的最终分数了。

7．定义一个方法 get_letter_grade 接受参数 score，这个参数应该是一个数字。

然后按以下规则给最终分数划定等级：

（1）分数大于等于 90 返回“A”；

（2）分数大于等于 80 返回“B”；

（3）分数大于等于 70 返回“C”；

（4）分数大于等于 60 返回“D”；

（5）其他返回“F”。

注意，这里要用上 if、elif 和 else 语句。最后试着把上面某一个学生的最终分数作为参数来调用一下这个方法，并打印结果。比如：print(get_letter_grade(get_average(lilei)))

8．接下来要算下班级平均分。

定义一个方法 get_class_average，接收一个列表 class_list 作为参数。

这个 class_list 是一个列表，包含前面定义的那三位学生的成绩的字典。

在这个方法中完成如下操作。

（1）定义一个空列表 results。

（2）对 class_list 里的每一个元素都调用 get_average，然后把结果用 append 方法加入 results 列表中。

（3）用 results 列表做参数调用 average()。

9．最后要完成如下操作：

（1）创建一个列表 students，代表三位学生的成绩单。这个列表中要包括之前定义的三个字典，比如 lilei、hanmeimei、jim。

（2）计算其平均分。

（3）计算其平均等级。

注意，这里的步骤都要尽可能地调用上面定义过的方法，最后需要把结果都显示打印出来。

3.7　列表和方法

这一节主要讲解一起使用列表和函数方法，通过一些简单练习，以进一步熟悉学过的知识。

3.7.1　复习列表

首先是一系列的简单练习，让我们快速复习一下列表。

1. 在下面加入一行代码，打印列表 *n* 的第二个元素。

```
n = [1, 3, 5]
# 你的代码写这里

print(n)
```

2. 在下面加入一行代码，将列表中第二个元素的值乘以 5。

```
n = [1, 3, 5]
# 你的代码写这里

print(n)
```

3. 在下面加入一行代码，在列表末尾插入一个元素 4。

```
n = [1, 3, 5]
# 你的代码写这里

print(n)
```

4. 在下面加入一行代码，删除列表中的第一个元素。

```
n = [1, 3, 5]
# 你的代码写这里

print(n)
```

提示：用 3 种方法做删除操作，以下是删除列表中第二个元素的例子：

```
n.pop(1) # 删除第 2 个元素
del n[1] # 删除第 2 个元素
n.remove(3) # 删除值为 3 的第一个元素
```

3.7.2 复习简单练习中的方法

首先是一系列简单练习，让我们快速复习一下方法。

1. 修改这个方法，返回值等于传入参数乘以 3。

```
number = 5
def my_function(x):
    return x + 3
print (my_function(number))
```

2. 定义一个方法 add_function，接受两个参数，并返回两个参数之和。

```
m = 5
n = 13
```

```
# 你的代码写这里

print (add_function(m, n))
```

3．定义一个方法 string_function，接受一个参数 s，返回一个字符串。

这个字符串等于在 s 后面加上 word 这个词，中间不要空格。

```
n = "Hello"
# 你的代码写这里

print (string_function(n))
```

4．运行下面的代码，体会用列表做参数和用其他数据类型做参数时，结果是一样的。

```
def list_function(x):
    return x

n = [3, 5, 7]
print (list_function(n))
```

3.7.3　在方法里使用及修改列表的元素

【例 1】在方法里使用列表的一个元素：

```
def first_item(items):
    print (items[0])

numbers = [2, 7, 9]
first_item(numbers)
```

第一行定义一个方法 first_item，然后接受一个参数 items。

第二行把这个列表 items 的第一个元素显示打印出来。

第三行创建一个列表 numbers。

第四行用 numbers 做参数调用方法 first_items，最后显示出来的就是 numbers 的第一个元素“2”。

修改以下方法，让它不要返回列表 x，而是返回 x 的第二个元素。

```
def list_function(x):
    return x

n = [3, 5, 7]
print(list_function(n))
```

提示：第二个元素的下标是 1。

【例 2】在方法里修改一个列表的元素：

```
def double_first(n):
```

```
    n[0] = n[0] * 2

numbers = [1, 2, 3, 4]
double_first(numbers)
print(numbers)
```

第三行创建一个列表 numbers；

第四行调用方法 double_first 并把这个列表的第一个元素乘以 2；

最后一行显示打印出修改后的 numbers。

1．修改 list_function，让这个方法的功能变为给传入的列表里下标为 1 的元素加上 3。比如列表 [1,2,3,4] 就要变成 [1,5,3,4]，然后把这个结果列表作为返回值。

2．定义一个方法 list_extender，接受一个参数 lst，在方法体内，把 9 追加到列表 lst 的末尾，然后返回这个修改过的列表。

```
n = [3, 5, 7]
# 你的代码写这里


print(list_extender(n))
```

3．定义一个方法 print_list，接受一个参数 x。

（1）在这个方法内部，把 x 的每个元素用 print 语句打印出来。

（2）然后把下面代码的 n 作为参数传给这个方法。

```
n = [3, 5, 7]
# 你的代码写这里
```

提示，还记得之前做过的遍历列表吗？

（3）定义一个方法 double_list 接受一个参数 x，x 是一个列表。

（4）然后对 x 的每个元素乘以 2 得到一个新的列表，返回这个列表。

（5）把下面代码的 n 作为参数传给这个方法。

```
n = [3, 5, 7]
# 你的代码写这里
```

3.7.4 使用 range 生成和遍历列表

这节里我们来看看 range() 函数，这个函数在之前的练习中已经用过。

这是一个能够快速生成列表的函数，我们可以通过 list 方法的类型转换来把它当作列表使用。

【例 1】range 的例子：

```
list(range(6)) # => [0, 1, 2, 3, 4, 5]
list(range(1, 6)) # => [1, 2, 3, 4, 5]
list(range(1, 6, 3) )# => [1, 4]
```

像这个例子中的语句，range 有 3 种不同的调用方式。

```
range(stop)
range(start, stop)
range(start, stop, step)
```

start 表示开始的数字，如果不写就默认从 0 开始。

stop 表示结束的数字 +1，也就是说 stop 是 6 的话，其实这个列表最后一个元素只有 5 个。

step 表示步长，这个列表里每个元素之间的间隔。比如 1 到 6 之间步长为 3 的话，起点是 1，下一步就是 1+3=4，再下一步 4+3=7，因为 7 已经超过这个列表的结束数字（也就是 stop -1=5），所以这一步是运行不到的，因此 range(1, 6, 3) 得到的列表就是 [1, 4]。步长的值如果不写，则默认为 1。

修改以下方法，在下画线处填入一个列表，值为 [0, 1, 2]，必须使用 range 来生成这个列表。

```
def my_function(x):
    y =[]
    for i in range(0, len(x)):
        y.append(x[i])
    return y

print my_function(_____)
# 在括号中加入你的 range，记得把它转换成列表
```

【例 2】遍历列表的方法 1：通过 in 遍历。

```
for item in list:
    print (item)
```

【例 3】遍历列表的方法 2：通过下标遍历。

```
for i in range(len(list)):
    print (list[i])
```

【例 2】的方法可以简单地遍历列表，但不能在遍历的同时修改这个列表。

【例 3】的方法通过下标来遍历列表，这种情况下可以在遍历的同时对列表内元素做修改。

1．定义一个方法 total 接受一个列表参数 numbers。

（1）在这个方法的方法体内定义一个变量 result，初始值为 0。

（2）使用【例 2】或【例 3】的方法遍历列表 numbers，并求 numbers 中各元素之和。

（3）最后用列表 n = [3, 5, 7] 做参数调用这个方法。

（4）之后返回 result 。

2．定义一个方法 join_strings 接受一个参数 words，类型是列表。

（1）在方法体内，定义一个变量 result，初始值为“”，也就是一个空字符串。

（2）遍历 words，并把 words 里每一个单词都加入这个字符串里去，两个单词之间不用加空格。这里，向一个现有的字符串后面追加新的字符串，可以用字符串连接符号“+”表示。比如字符串“1”+“1”的结果就是“11”，之后返回变量 result 。

（3）最后用列表“n = ["Michael", "Lieberman"]”做参数调用这个方法。

3.7.5 列表的拼接、嵌套与多层遍历

在一个方法里也可以使用多个列表作为参数，这和使用多个其他数据类型的参数没有区别。

【例 1】列表的连接也使用连接符号 +：

```
a = [1, 2, 3]
b = [4, 5, 6]
print(a + b)
```

1．定义一个方法 join_lists，用来把两个列表连接在一起。这个方法接受两个参数 x 和 y，类型都是列表。

（1）在方法体内，把两个列表连接成一个列表，再返回。然后试着用以下两个列表作为参数调用这个方法：

m = [1, 2, 3]

n = [4, 5, 6]

【例 2】列表的列表：

```
list_of_lists = [[1, 2, 3], [4, 5, 6]]
```

```
for lst in list_of_lists:
    for item in lst:
        print(item)
```

（2）在这个例子中，首先建立一个列表，这个列表有两个元素，每个元素也都是列表。然后遍历外层的列表。

（3）最后遍历了内层的列表，并把元素内容显示出来。

2．定义一个方法 flatten，接受一个参数 lists，这个方法会遍历和连接这个列表 lists 内的所有子列表。

（1）在方法体内，先定义一个空列表 results。

（2）然后遍历 lists，循环中的临时变量叫作 numbers，并且 numbers 也是一个列表。在内层的循环中遍历这个列表，并对其中的每个数字，用 append 方法把它们加入 results 表中。之后返回 result。

（3）最后用参数“n = [[1, 2, 3], [4, 5, 6, 7, 8, 9]]”来调用这个方法。

3.8 循环

循环是继条件分支语句之后，第二种常用的控制程序执行流程的语句。

3.8.1 初识 while 循环

while 循环和 if 语句很相似，看下面例子。

【例题】while 循环和 if 语句：

```
count = 0

if count < 5:
    print ("现在在执行 if 语句，count=", count)

while count < 5:
    print ("现在在执行 while 语句，count=", count)
    count += 1
```

之前我们已经学过条件分支语句：

if 语句首先判断分支条件（【例题】的分支条件是“count < 5”）是否成立，如果这个分支条件值为 True，就执行下面缩进的代码块。

与之相似：

while 循环首先判断循环进入条件（【例题】的循环进入条件是“count < 5”）是否成立，如果这个循环进入条件值为 True，就执行下面缩进的代码块（称为循环体）。

而与 if 语句不同的是，while 在执行完循环体后，就会再次判断循环进入条件，如果为 True，则会重新执行循环体，如果为 False 则结束循环。

具体到【例题】讲解，只要 count 小于 5，就会一直执行循环体语句。因此，【例题】中如果最后一个语句不写，则这个循环就不会结束，这样就变成了死循环。最后一个语句中 count 每次递增 1，因此这个循环会执行 5 次后结束。

修改【例题】，要求 count 等于 0 并且循环到等于 9（含）。

3.8.2 循环进入条件

循环进入条件是决定循环是否继续执行的语句。

【例题】while 循环和 if 语句：

```
loop_condition = True

while loop_condition:
    print("我是循环体里的语句")
    loop_condition = False
```

第一行，建立变量 loop_condition 并赋值为 True。

第二行，while 循环会检查循环进入条件 loop_condition 是否为 True，这里检查通过，所以进入循环体。

第三行，进入循环体后，就会执行循环体内的 print 语句。

第四行，把 loop_condition 赋值为 False。

最后，循环会跳转到第二行再次检查循环进入条件。而这次的检查结果是 False，所以不会再次进入循环体，循环结束。

1. 运行【例题】代码，查看结果。

2. 在循环体里，可以运行任何语句。

（1）请写一个 while 循环，用它显示打印出从 1 到 10 的整数的平方，也就是 1,4,9,16,...,100，每一行打印一个数字即可。

（2）把下面代码中 ______ 处补充完整，从 num=1 循环到等于 10。

在循环体内，显示打印出 num 的平方。

最后让 num 的值增加。

```
num = 1

while ________:  # 这个循环条件补充完整
    # 你的代码写在下面，打印出 num 的平方
    # 你的代码写在下面，让 num 的值增加
```

3.8.3　用 while 处理用户输入

在做一些交互式的命令行程序时，while 可以用来判断和处理用户的输入值是否正确。

比如你要求用户输入值为 y 或 n，当用户输入其他内容时，可以用 while 再次提示用户重新输入。这种命令行程序，常常用于提供一些手动配置功能。例如，nodeJS 就提供了这种读取用户输入帮助用户创建 nodeJS 工程的命令行。

把下面的循环条件补充完整，当用户的输入值不等于“y”或“n”时，再次提醒用户重新输入。

```
choice = input('喜欢这个课程吗 (y/n)')
while ________:  # 请把这个地方补充完整
    choice = input("对不起，无法识别输入值，请重新输入 (y/n): ")
```

3.8.4　死循环

死循环是指永远无法退出的循环，死循环的出现原因可能有以下几种情况：

（1）循环进入条件永远为真（如 "while 1 != 2"）。

（2）循环体内部逻辑上没有办法把循环进入条件变成 False。

【例题】死循环的例子：

```
count = 10
while count > 0:
    count += 1 # count > 0 显然永远为 True
```

像【例题】这样的循环，是无法退出的，循环进入条件永远为 True。

下面这个循环有以下两个问题：

（1）没有加冒号导致的语法错误。

（2）count 没有变化导致循环进入条件一直为 True。

这里第二个错误就导致了死循环。

请修复下面代码中的这两个问题：

```
count = 0
while count < 10 # 这里要加个冒号
print (count)
    # 这里要让 count 的值会增加
```

3.8.5 用 break 结束循环

break 是用来结束当前循环的语句。

一个循环要结束，有以下两种条件：

（1）循环进入条件变为 False 之后结束循环。

（2）使用 break 语句结束循环。

【例 1】使用 break 语句结束循环：

```
count = 0

while True:
    print (count)
    count += 1
    if count >= 10:
        break
```

像【例 1】这样的循环，是无法退出的，循环进入条件永远为 True。

1. 运行一下【例 1】，看看用 break 退出循环的机制。

从中可以看到，虽然循环进入条件永远是 True，但循环还是结束了。

说到了 break，那么再看一下它的“兄弟”continue。

continue 用来跳过当前循环的剩下部分，直接进入下一轮循环。用 continue 提前进入下一轮循环。

【例 2】用 continue 提前进入下一次循环：

```
count = 0

while True:
count += 1
    if count == 6:
        continue # 当 count = 6 时，跳过下面的语句。
    print (count)
    if count >= 10:
        break
```

在这个例子中，当执行到 continue 时，会跳过下面的三行循环体，而直接回到判断循环进入条件，并开始下一轮循环。

2. 执行【例 2】程序，注意【例 2】和【例 1】的区别。

冷知识：while/else

最后再顺便提一个 while 循环的冷门知识点。之前说过 if/else 语句，实际上，while 也可以带 else，大家可以猜猜 while/else 是作什么用的。实际上这个语法很“独特”：当 while 的循环进入条件就会为 False，或者走完循环后（而不是 break），再执行 else 里的语句。

特别提醒：不要在你的代码里使用 while/else 语句，因为它的语法很特别，让程序可读性大大下降。

3.8.6　For 循环

除了 while 循环，还有 for 循环。

for 循环很适合用于明确要循环几次语句的情况。

【例 1】for 循环：

```
for i in range(10):
    print(i)
```

【例 1】会输出从 0 到 9 的数字。

1. 修改【例 1】，让它从 0 循环到 19（含）。

2. 创建一个变量 hobbies，值是一个空列表。

创建一个 for 循环，让用户输入其三个爱好：

（1）用户在循环体里输入爱好，循环三次。

（2）用户输入的爱好存放在临时变量 hobby 里。

（3）在用户每次输入爱好之后，将其插入到列表 hobbies 里。

最后，在循环体外另起一行，打印 hobbies 列表。

3．可以通过对字符串使用 for 循环来输出字符串中的每一个字母。将下面代码补充完整，把字符串 word 里的每一个字母都用 print 语句显示出来。

```
thing = "spam!"

for c in thing:
    print (c)

word = "eggs!"

# 你的代码写这里：
```

注意：print 语句里，在要输出的内容后面加一个“end=""”，即可让 print 语句不会自动换行。

【例 2】这个例子会在同一行里打出两个 X，像这样："XX"。

```
print("X", end=' ')
print("X", end=' ')
```

创建一个 for 循环，对 phrase 里的每一个字母进行操作：

（1）如果这个字母是“A”或者“a”，输出一个“X”。

（2）否则，输出这个字母，假如循环临时变量是 char 的话，就是 print(char）。

```
phrase = "A bird in the hand..."
# 你的代码写这里：
```

参考答案：最后输出的是：“X bird in the hXnd...”。

3.8.7　更复杂的 for 循环

带下标的 for 循环：之前的 for 循环例子里，我们都循环遍历一个列表都没有带上下标，也就不知道循环到第几个元素。当我们需要知道下标是多少的时候，可以用内置函数 enumerate 来进行带下标的 for 循环。

enumerate 会给传递给它的列表元素提供对应的下标，当使用 for 循环遍历传递给它的列表时，下标也会跟着每次递增，有点像字典的遍历。

【例题】enumerate for 循环：

```
choices = ['比萨', '派', '沙拉', '薯条']

print ('菜单:')
for index, item in enumerate(choices):
    print (index, item)
```

在这个例子中，遍历列表也带上了下标。

小练习

修改【例题】，让菜单里显示出来的数字从 1 开始。

同时对一个列表进行 for 循环。

也可以同时对多个列表进行 for 循环。

使用内置函数 zip 来实现这一点。

zip 会把两个列表里相同下标的元素组成一组，然后遍历会在较短的列表结束时结束。

小练习

1．zip for 循环，在下面代码里比较每一组的两个元素 a 和 b，并输出显示较大的那个元素。

```
list_a = [3, 9, 17, 15, 19]
list_b = [2, 4, 8, 10, 30, 40, 50, 60, 70, 80, 90]

for a, b in zip(list_a, list_b):
# 你的代码写这里
```

参考结果：

3

9

17

15

30

2．zip 也可以对 3 个或多个列表一起循环，增加一个 list_c，数字可以自己选定，然后修改上一个练习里的代码，输出显示 3 个列表里对应下标元素值最小的一个。

小知识：For/else

For 语句也可以带 else，当 For 语句循环执行完后（而不是 break 语句执行后），会执行 else 语句。特别提醒：不要在代码里使用 for/else 语句，因为它会让程序的可读性大大下降。

3.9 程序设计专题 2

这一次的程序设计专题是做一个非常小的单人文字游戏。

3.9.1 练习：制作战船地图

如图 3-1 所示，一个 5×5 的地图上，有一艘战船处在一个随机的格子内。玩家有 10 次机会猜测这艘战船所在的位置，以尝试击沉这艘船。战船相关的所有代码请都写在同一个文件里。

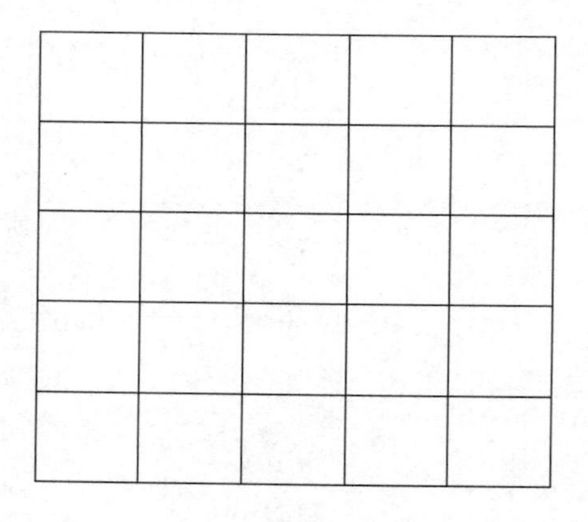

图 3-1

首先我们开始绘制地图：

1．定义一个变量 board 并赋值为一个空列表。

【例 1】用 * 乘号可以生成列表：

```
print (["O"] * 5)
```

这个例子会生成 ['O', 'O', 'O', 'O', 'O'] 这样的列表。

注意：这是大写字母 O 而不是零。

我们假设【例 1】输出来的结果是 5×5 的地图中的一行，把变量 board 赋值为一个 5×5 的地图。

具体步骤：

（1）用 range() 写一个循环 5 次的循环语句。

（2）在循环体内对 board 使用 .append() 插入一个列表，这个列表里包含 5 个“O”。

这样就得到了有一个列表的列表，这个列表的每个元素都是 ['O', 'O', 'O', 'O', 'O']。

需要注意的是，这里使用 append 语句的时候直接写 append(["O"] * 5) 就好了，如果你使用了中间变量，比如 temp(["O"] * 5，那么就要考虑变量的引用问题。

变量的引用问题，代码如下：

```
temp=[1,2,3]
list_of_list=[]
for i in range(3):
    list_of_list.append(temp)
print(list_of_list) # [[1, 2, 3], [1, 2, 3], [1, 2, 3]]
temp[0]=9
print(list_of_list) # [[9, 2, 3], [9, 2, 3], [9, 2, 3]]
```

这里首先定义临时列表 temp，然后定义列表的列表 list_of_list，再通过循环，把 temp 插入到列表的列表中。此时 print 输出得到 [[1, 2, 3], [1, 2, 3], [1, 2, 3]]。如果我们修改之前的临时列表 temp 的第一个元素值，把它改成 9，再 print 输出就变成 [[9, 2, 3], [9, 2, 3], [9, 2, 3]]。这是因为，在 list_of_list 中，实际存放的三个元素都是同一个列表 temp 的引用，相当于如下代码：

```
list_of_list=[temp,temp,temp]
```

所以后面修改 temp 的时候，list_of_list 的三个元素会放在一起修改。

2．用 print 显示输出变量 board。

然后会发现显示出来的内容看上去有点乱，不像一张地图，行和列没有对齐。

接下来我们要让打印出来的结果行列对齐。

3．定义一个方法 print_board，接受一个参数 board_in。

在方法体内，写一个 for 循环，对传入的 board_in 里的每一行数据，都用 print 语句显示出来。这里循环中的临时变量命名为 row，也就是 for row in board_in。

最后，把变量 board 作为 print_board 的参数，尝试调用这个方法。

参考结果：

[‘O’ , ‘O’ , ‘O’ , ‘O’ , ‘O’]

[‘O’ , ‘O’ , ‘O’ , ‘O’ , ‘O’]

[‘O’ , ‘O’ , ‘O’ , ‘O’ , ‘O’]

[‘O’ , ‘O’ , ‘O’ , ‘O’ , ‘O’]

[‘O’ , ‘O’ , ‘O’ , ‘O’ , ‘O’]

这样，看上去有点像地图了，但是那些引号、括号、逗号等，都是列表里的符号，而我们不需要这些。

【例 2】join 方法：

```
letters = ['a', 'b', 'c', 'd']
print(" ".join(letters))
print("---".join(letters))
```

参考结果：

a b c d

a---b---c---d

在【例 2】中，我们首先定义了一个列表 letter，包含了一些字母。然后用 join 方法把 这个列表里的所有元素以空格连接成为一个字符串。

最后用 join 方法把这个列表里的所有元素以“---”横线符号连接成为一个字符串。

这里的 join 方法作用是把列表元素拼接成字符串，而 join 之前的空格和横线，都是拼接时使用的间隔符号。用不同的间隔符号就可以把同一列表拼接成不同的字符串。

这个方法在实际软件开发中，常常使用在打印日志、打印命令行参数等各种需要格式化输入输出的相关场景中。

我们要让显示打出来的 board 里的每一行看上去都是“O O O O O”。

4．修改 print_board 方法，用空格作为间隔符，调用 join 方法把列表元素拼接成字符串。

参考结果：

O O O O O

O O O O O

O O O O O

O O O O O

O O O O O

这样，地图就完成了。

3.9.2 练习：战船在地图中随机出现

接下来我们要让战船随机出现在地图的某一个格子里。

先看看怎样做随机数。

【例 1】用 randint 来生成随机数：

```
from random import randint
coin = randint(0, 1)
dice = randint(1, 6)
```

这个例子中，我们使用了 random 库里的 randint 方法。

“randint(low, high)”可以随机生成大于等于 low，小于等于 high 的整数。

第二行随机生成了 0 或 1，代表硬币的两个面。

第三行随机生成 1 到 6，代表骰子的六个面。

像这样，我们可以用随机数字来代表一些东西的含义。而接下来我们要用随机数字来代表船在地图上所在的位置。

1．搜索 random 库中的 randint，从网上查一查这个方法的用法，看看和我们用的方法是不是一样。

定义两个方法 random_row 和 random_col，这两个方法将会分别生成代表船在地图中所在行和列的随机数。

这两个方法都是只接受一个传入参数 board_in，并且返回一个随机的数字。这个随机数，需要大于等于 0，并小于等于 board_in 的长度 -1，也就是 randint(0, len(board_in) - 1)。

别忘了 import randint 方法，另外 import 语句一般写在代码所在文件的最上方。这里我们可以直接用 0 做开始值，因为列表下标从 0 开始。而我们不直接规定 5 作为随机数的上限，而是动态地从 board_in 的长度来计算出上限。

这是一种很普遍的编程思想，不把变量的值规定死，以换取更高的可扩展性。

以后我们如果要把 5*5 的地图修改成 10*10 的大地图，这个方法不需要做任何改动。

2．要把船的坐标保存好。

调用这两个方法，并且把结果分别保存在变量 ship_row 和 ship_col 里，分别代表船在地图上的行号和列号。

3．要再把船找出来。

现在我们要让玩家输入数字尝试把船找出来。

【例 2】用 input 读取用户输入，并用 int 做类型转换：

```
number = input("输入一个数字：")
if int(number) == 0:
    print ("你输入了 0")
```

这个例子中用到的 input 和 int 都是之前讲过的方法。

值得注意的是，input 读到的数字是以字符串形式存在的，所以才需要用 int 把它的类型转换成整数。

4．定义一个变量。

```
定义一个变量 guess_row 并把它赋值为 int(input("猜一下船在第几行："))
定义一个变量 guess_col 并把它赋值为 int(input("猜一下船在第几列："))
```

然后运行一下这个程序，猜一猜试试看。

调试一下，到这里我们设计出了地图、船，还能让玩家猜一猜船所在的位置。但是还是不知道猜对没猜对。

在写后面这个判断逻辑时，我们需要知道前面随机生成的数字到底是多少。

然后不断修改程序，来完善它，这个完善的过程就叫作调试。

在 PyCharm 中我们可以通过断点调试，就可以看到这两个变量的值。而更原始或者更通用的办法是加个 print 语句把你要看的变量显示出来。

在实际软件开发过程中，我们也常常需要把一些信息显示在日志里，方便程序出错时定位出错原因。

在 guess_row 代码之前，加两个 print 语句，把 ship_row 和 ship_col 的值显示出来。

5．使用 pycharm 的打断点功能来查看 ship_row 和 ship_col 的值。

如果不知道怎么打断点操作，请使用搜索引擎搜索“pycharm 打断点”和“pycharm 查看变量的值”进行学习。

3.9.3 练习：击沉战船判断是否获胜

我们要判断玩家如何获胜：

如果要猜对，那么 guess_col 应该等于 ship_col，而 guess_row 要等于 ship_row。

1．在之前的代码最后加一个 if 条件判断。

如果 guess_col 等于 ship_col，且 guess_row 等于 ship_row，

则打印出“恭喜，你击沉了我的战船！”

参考运行结果：

```
O O O O O
O O O O O
O O O O O
O O O O O
O O O O O
1
1
猜一下船在第几行 : 1
猜一下船在第几列 : 1
恭喜，你击沉了我的战船！
```

如果猜错的话……

2．给上面的 if 判断加一个 else 语句。

在 else 的代码块里打出“你没有击中我的战船！”

然后把地图上 guess_row，guess_col 所代表的那一个 O 改为 X。

最后在这个 else 外再次调用 print_board(board) 重新打印地图。

参考运行结果：

O O O O O

O O O O O

O O O O O

O O O O O

O O O O O

2

1

猜一下船在第几行 : 1

猜一下船在第几列 : 1

你没有击中我的战船 !

O O O O O

O X O O O

O O O O O

O O O O O

O O O O O

之前我们对用户的输入数字没有做任何判断。

在实际的软件开发中，我们常常要对传入参数做一些判断，比如看看传入的参数是否在特定范围内。

如果不在范围内，那就是超出了边界值。这也是边界值测试方法的用武之地。如果没做判断的话，就会被边界值测试找到 bug。而实际上我们需要了解代码实现才能更好地设计边界值。

这里，玩家输入可能有以下错误：

（1）玩家输入的行号列号超出了 board 地图范围，也就是输入了大于 4 的行号列号。

（2）玩家可能猜一个他之前猜过的重复值（假设我们让玩家猜多次）。

输入值超出范围的话……

【例题】判断是否超出范围：

```
if x not in range(8) or y not in range(3):
    print ("超出了范围")
```

这个例子中，判断 x 是否超过 0 到 8（不含）以及 y 是否超过 0 到 3（不含）。如果超过了，则提示超出了范围。

第一行最后的反斜杠“\”表示它和第二行是连在一起的，当作同一行来处理的。

3．下一步操作如下：

（1）把上一步的 else 语句代码块里的代码暂时移到别处。

（2）在后面嵌套添加一个 新的 if else 语句。

代码如下：

```
else:
    if xxxxxxxx:
        xxxxxxxxxxxxxx
    else:
        xxxxxxxxxxxxxx #把步骤 1 里移走的代码移回到这里
```

（3）在新加的 else 语句下的 if 里判断一下用户猜的 guess_row 和 guess_col 中只要有一个不在 range(5) 的范围内，就打印 :“输入的行列超出地图范围了。”

（4）把原来的 else 语句的代码块内容放在新加的 else 语句的代码块里。看步骤 2 里的注释里示意的位置。

参考运行结果：

```
O O O O O
O O O O O
O O O O O
O O O O O
O O O O O
0
0
猜一下船在第几行 : 6
猜一下船在第几列 : 6
输入的行列超出地图范围了。
```

然后我们来处理第二种错误：玩家重复猜了同一个位置。那么我们怎么知道地图上的一个具体位置有没有被猜过？

```
print(board[guess_row][guess_col])
```

这段代码如果输出“X”就说明已经猜过了，如果是“O”就说明没猜过。

4．判断是否猜过了。

在上一步里新添加的 if 语句后面加入一个 elif 语句来判断猜的位置是否之前猜过了（也就是看看其值是否为 X）。如果已经猜过，就打出“这个位置已经猜过了。”

5．下一步操作如下：

（1）到这里为止已经可以让玩家做一次猜测了，并且对这次猜测做了比较完整的处理。

（2）给这个程序设计一些测试用例，尽可能多地覆盖你写的每一行代码。

3.9.4　练习：战船游戏主循环

到上一个小节为止，玩家只能猜一次。而我们这个小游戏允许玩家一共猜 4 次。

1．写一个 for 循环，把代码的主体执行 4 次。

```
for turn in range(4):
    # 代码主体写这里
```

这里说的主体是从读取用户输入的代码开始往后的所有内容。

并在每个循环的开始，先打印出当前回合数：

```
print("Turn", turn + 1)
```

如果到最后，猜完 4 次还没猜到，那么游戏就会结束。

2．在之前负责判断是否猜中的 if else 语句的后面里加一个同一层级的 if else 语句。

这里的 if 要检查用户是否已用完所有尝试机会：如果 turn 等于 3，输出“Game Over”告诉玩家游戏结束。

游戏胜利：现在这个游戏已经基本完成了，但是你猜对的时候，它不会真正告诉你游戏胜利，你还是要猜满 4 次。

3．添加一个 break 语句，在猜对之后跳出循环。

4．再次测试。

首先删掉之前添加的调试语句，这样你在测试时就不能看坐标了，然后从用户角度来测试一下这个程序。

3.9.5　练习：编写数学方法

这个小节的复杂度会比较低，同时给出的提示会相对少一点，挑战性会更高。

同时，以下你写的所有小练习里的方法，请设计测试数据和用例来测试自己写的程序是否正确。

1．定义一个方法 is_even 接受一个数字 x 作为参数。

如果 x 是偶数，方法返回 True；否则，返回 False。

2．定义一个方法 is_int 接受一个数字 x 作为参数。

如果 x 是整数，方法返回 True；否则，返回 False。

提示和要求：

带小数点的数字，如“7.0”，因为小数部分为零，所以仍认为是整数。

带负号的数字，如 -1，仍认为是整数。

3．定义一个方法 digit_sum，接受一个正整数 *n* 作为参数。

返回 *n* 的各个位数上的数字之和。

比如 digit_sum(1234) 应该返回 10。

因为 1+2+3+4=10。

4．阶乘问题。

定义一个方法 factorial 接受一个数字 x 作为参数。

返回这个数字的阶乘。

阶乘：一个正整数的阶乘（factorial）是所有小于及等于该数的正整数的积，并且 0 的阶乘为 1。自然数 *n* 的阶乘写作 *n*!。

例如：

4! = 4×3×2×1 =24

3! = 3×2×1 =6

5．质数问题。

定义一个方法 is_prime 接受一个数字 *x* 作为参数。

如果 *x* 是质数，方法返回 True；否则，返回 False。

质数又称素数。一个大于 1 的自然数，除了 1 和它自身外，不能整除其他自然数的数叫作质数。

另外，2 是质数，0 不是质数。

提示：用遍历，对从 2 到 *x*-1 的任意数字 *n*，如果 *x* 能被 *n* 整除，就返回 False；否则，遍历完毕之后就返回 True。

测试提示：负数不是质数，0 不是质数，1 不是质数，2 是质数。

6．倒序输出字符串。

定义一个方法 reverse，接受一个字符串 text 作为参数。

返回这个 text 的倒序字符串。

比如 abcd 返回 dcba。

限制：禁止使用内置函数 reversed，禁止使用字符串切片 [::-1]

提示：字符串里可能包含特殊符号。

7．附加题：如果想另一种解法来解答上题，可以查资料。

3.9.6　练习：编写更多方法

1．去掉元音字母。

定义一个方法 anti_vowel 接受一个字符串 text 作为参数，把 text 中的所有元音字母（包括 a、e、i、o、u）移除，之后把字符串作为返回值。例如，anti_vowel(“Hey You!”) 的返回值为“Hy Y!”

注意：大写和小写字母都可能包含元音字母，都需要移除。

2．Scrabble 积分。

Scrabble 是西方流行的英语文字图版游戏，以下是 26 个字母对应的 Scrabble 积分表。

```
score = {"a": 1, "c": 3, "b": 3, "e": 1, "d": 2,
         "g": 2,
          "f": 4, "i": 1, "h": 4, "k": 5, "j": 8, "m": 3,
          "l": 1, "o": 1, "n": 1, "q": 10, "p": 3, "s": 1,
          "r": 1, "u": 1, "t": 1, "w": 4, "v": 4, "y": 4,
          "x": 8, "z": 10}
```

在计算分数的时候，会把一个单词的每个字母在上述表中对应的分数加起来。比如“Helix”这个词对应的分数就是 4 + 1 + 1 + 1 + 8=15。

定义一个方法 scrabble_score 接受一个字符串 word 作为参数。

返回这个词对应的 Scrabble 积分。

提示：这里字符串参数中的字母可能是大写也可能是小写或都有。不考虑特殊符号，空字符串，也不考虑其他特殊积分规则。

3．屏蔽。

定义一个方法 censor 接受两个字符串 text 和 word 作为参数。返回值为把 text 里包含的 word 全部替换成星号。

比如 censor("this hack is wack hack","hack") 的返回值是："this **** is wack ****"。

提示：假设输入的字符串的字母全是小写，并且不包含特殊符号。

星号的数量要等于用它替换的字母的数量。

提示：可以用 split 和 join 方法来完成，请尝试搜索这两个方法的用法。

定义一个方法 count 接受两个参数，列表 sequence 和 item 作为参数。

计算 item 在 sequence 里出现了几次，并返回这个次数。

比如 count([1, 2, 1, 1], 1) 返回 3，因为 1 出现了 3 次。

提示：item 可以是各种数据类型，比如整数、字符串、浮点数，甚至是另一个列表。

count 方法的返回值是一个数字。

定义一个方法 purify 接受整数列表 numbers 作为参数。从中删除其中所有奇数，然后作为返回结果。

比如："purify([1,2,3])"返回"[2]"。

提示：返回一个新的列表，而不要去修改传入的列表。

定义一个方法 product 接受整数列表 numbers 作为参数。返回这个列表中所有元素的乘积。

比如："product([4, 5, 5])"返回 100，因为"4*5*5=100"。

提示：传入列表不为空；

这个方法最后的返回值应该是一个整数。

定义一个方法 remove_deplicates 接受一个列表参数 s。从中删除所有多余的重复元素，重复的元素只能保留一个。

比如："remove_duplicates([1, 1, 2, 2])"返回"[1, 2]"。

提示：不要把重复元素都删掉，记得留一个。

返回值里的顺序无所谓，不要对传入的列表做修改，而是返回一个新的列表。

4．求中间数。

中间数的定义，一个列表里大小处于中间的那个数字。

如果这个列表含有奇数个元素的话，直接取出中间数，比如"[7, 12, 3, 1, 6]"中的 6。

如果这个列表含有偶数个元素的话，取中间的两个数字的平均数。比如"[7, 3, 1, 4]"的中间数为"3.5"。

定义一个方法 median，接受一个列表参数 x，并返回其中间数。

提示：列表可以是任意长度，里面的数字也是无序的。

3.10 高级语法

所谓高级语法是用来简化代码编写的。除了极少数不可替代的场景，大部分场景下，我们都可以用之前学的简单功能代替高级功能。在使用这些高级功能时，需要注意，千万不要为了使用而使用。如果在代码里加了很多高级功能语法，有可能会降低代码可读性。在写程序时，建议大家第一重视可读性，如果可读性不高的话，后续维护会非常困难，所以在学习高级语法时不要有心理负担，记不住是正常的，需要的时候能查资料使用就好，改用简单写法也完全可以实现大部分功能。

3.10.1　操作符 in

在遍历时要用到 in 这个操作符。

【例题】回顾一些使用 in 操作符做遍历的例子：

```
for number in range(5):
    print( number)

d = {
  "name": "Eric",
  "age": 26
}

for key in d:
    print (key, d[key])

for letter in "Eric":
    print (letter)
```

对字典 my_dict ={"a":1, "b":2, "c":3}，用 key in my_dict 的方式遍历，并把 key 和 字典里这个 key 对应的值输出到屏幕上。

提示：参考效果如下：

```
a 1
c 3
b 2
```

3.10.2　构建列表

首先看一个例子。

【例 1】快速构建一个包括数字 0 到 50（含）的列表：

```
my_list = range(51)
```

那么请思考以下，如果我们要构建的列表包含简单逻辑要怎么做？

比如要构建一个包括 0 到 50 的偶数的列表。

我们当然可以写一个循环，然后在循环体中判断一个数字是否是偶数，并把偶数加入指定列表中。这样在循环结束后就得到了我们想要的列表，那么有没有简洁一点的方法？

Python 里提供了列表推导式（list comprehension）功能帮助我们快速构建带有 for/ in 和 if 的简单逻辑的列表。

【例 2】快速构建一个包括数字 0 到 50（含）里所有偶数的列表：

```
evens_to_50 = [i for i in range(51) if i % 2 == 0]
print (evens_to_50)
```

一起来看一下列表推导式的语法结构。

这里有一个更简单的例子。

【例 3】一个更简单的列表推导式：

```
new_list = [x for x in range(1, 6)]
```

推导出来就是：把所有在 range(1, 6) 里的数字 x 放在一个列表里。

最后得到就是 [1,2,3,4,5]

那么，如果要得到一个每个数字都是这个列表中数字两倍的列表呢？

【例 4】双倍列表。

```
new_list = [x * 2 for x in range(1, 6)]
```

仅仅只需在 x 后乘以 2 即可。

再加一个限制条件，不仅要两倍，而且要能被 3 整除。

【例 5】双倍且能被 3 整除：

```
new_list = [x * 2 for x in range(1, 6) if(x * 2)%3 == 0]
```

综上所述，这个语法就是：[表达式 for 变量 in 列表 if 条件]。

用列表推导式建立一个叫作 even_squares 的列表。这个列表包括从 1 到 11 的所有偶数的平方。

再看一个例子，

猜一下它能得到什么样的列表：

【例 6】一个有趣的例子。

```
c = ['C' for x in range(5) if x < 3]
```

这个例子会得到一个列表 ['C', 'C', 'C']，和你猜的一样吗。

所以说在列表推导中最前面的表达式里不一定要包括变量。

而最后的 if 限制条件会对中间每个循环结果得到的 x 做一次过滤。

用列表推导式来建立一个叫作 cubes_by_four 的列表。

这个列表要包括 从 1 到 10（含）的整数的三次方，并且限制条件是这个三次方数必须能被 4 整除。

3.10.3　带步长的切片

说到切片，之前已经讲过字符串和列表的切片。这里介绍一个切片的高级功能：带步长的切片。切片一般用在要取列表或字符串的一部分的时候，比如 list_a[1:3]。

那么接下来看一下列表切片的语法，代码如下：

```
[start:end:stride]
```

首先 start 表示开始的下标，如果 start 为 1，那么下标 1 的元素是包括在切片结果里的。

然后 end-1 表示结束的下标，举例说如果 end 为 5，那么切片结果里最后元素的下标是 4。

最后 stride 表示步长，表示切片要从原列表里提取出来的元素之间的间隔。

【例 1】一个带步长的切片例子：

```
list_a= [i ** 2 for i in range(1, 11)]
# 列表生成了 [1, 4, 9, 16, 25, 36, 49, 64, 81, 100]
print (list_a[2:9:2]) # 你猜这个会打出什么？
```

【例 1】的参考结果如下：

```
[9, 25, 49, 81]
```

第一个元素下标是切片里的 start 也就是 2，因此这个元素为 9，

然后从第一个元素下标 2 开始：

第二个元素的下标 = 第一个元素的下标 + 步长；

第三个元素的下标 = 第二个元素的下标 + 步长；

第 n 个元素的下标 = 第 n-1 个元素的下标 + 步长；

这其实就是一个简单的等差数列，公差等于步长。算出来的某一个元素直到达到或者超过 end-1 为止。

如果把例 1 里的切片改为 [2:9:4]，请你算一下显示出来的值会是什么。然后试一试看看是不是算对了。

【例 2】省略了下标的切片。

```
to_five = ['A', 'B', 'C', 'D', 'E']
print (to_five[3:])
# ['D', 'E']

print (to_five[:2])
# ['A', 'B']

print (to_five[::2])
# ['A', 'C', 'E']
```

注释里的列表是显示出来的参考结果。

这个例子的前两个切片之前已经讲过了，省略了下标起始数字就表示从列表头开始，而省略了下标结束数字就表示到列表末尾为止。

第三个切片既省略了下标又带了步长。

下面代码补充完整，让这个程序打印出 1 到 10 里的所有奇数，请用上省略下标的切片。

```
my_list = range(1, 11)
# 你的代码写这里：
```

在上述例子里，步长都是正数，然后我们看一个步长为负数的例子。

【例 3】把一个列表倒序输出：

```
letters = ['A', 'B', 'C', 'D', 'E']
print (letters[::-1])
```

步长为正数，表示是从 start 开始向后计算步长推导出整个切片结果。

步长为负数，则表示是从 end-1 开始向前计算步长推导出整个切片结果，这个计算过程和正向的刚好完全相反。

因此在步长为 -1 时，【例 3】把整个列表完整地倒序输出了。

1. 将下面代码补充完整，让这个程序把 my_list 倒序输出，用上切片和为负数的步长。

```
my_list = range(1, 11)
# 你的代码写这里:
```

2 将下面代码补充完整，让这个程序把 to_one_hundred 倒序输出，但是这次的步长是 -10。

```
to_one_hundred = range(101)
# 你的代码写这里:
```

看一下步长为 -10 的输出结果和你想的是否一样。

3. 创建一个列表 to_21，包含从 1 到 21 的整数，包括 21。然后创建第二个列表 odds，包含列表 to_21 里的所有奇数。注意这里要用切片，这次我们不用列表推导式。接着创建第三个列表 middle_third，值等于把列表 to_21 三等分后的中间一段，也就是元素值 8 到 14 这一段，包括 14。

3.10.4　匿名函数

Python 的一个非常强大的功能是支持函数式编程，这个意思就是说我们可以把函数或者方法，像一个变量或者值一样传来传去。注意，并不是所有编程语言都支持函数式编程。

【例题】匿名函数：

```
my_list = range(16)
print (list(filter(lambda x: x % 3 == 0, my_list)))
```

首先我们看一下这里用到的匿名函数：

```
lambda x: x % 3 == 0
```

这段代码的和下面这个函数是等价的：

```
def by_three(x):
return x % 3 == 0
```

也就是判断 x 是否能被 3 整除。

这里在 lambda 表达式中，我们没有给这个函数定义一个函数名，但它仍然生效了，也就是说，这里定义了一个没有名字的函数，也就是匿名函数。

然后我们把这个匿名函数作为参数传递给了 filter，filter 会把它看成一个和普通函数一样的函数。然后用这个函数来处理 filter 后面的第二个参数，也就是列表 my_list。这个列表是从 0 到 15 的整数，然后整个【例题】就从这个列表里过滤出能被 3 整除的元素，并打印显示出来。

注意，filter 在 Python 3 里返回的是跌代器，所以要加一个 list 类型转换。

体会这里我们可以不用 lambda 表达式而用 def 定义一个完整的函数，判断一个数字是否能被 3 整除。

1．尝试写一个 lambda 表达式，把下面代码补充完整，使这个程序从 languages 语句中只选出 Python。

```
languages = ["HTML", "JavaScript", "Python", "Ruby"]

# 你的代码写这里，用上 lambda
print (list(filter(________, ________)))
```

2．先创建一个列表 squares，包括 从 1 到 10 的整数的平方，记得用列表推导式。

然后用 filter 和 lambda 把列表 squares 里在 30 和 70 之间（包括 30 和 70 ）的数字显示出来。

参考结果：[36, 49, 64]。

3.11 类

Python 是一门面向对象的语言，从这一节开始学习的是面向对象编程的基础概念。理解这些概念可以提高编程基本功，提高设计能力。

3.11.1 为什么要用类

对象的概念：

首先第一个概念是对象 object。我们可以把对象看成一个特殊的数据结构：对象 = 数据 + 方法。

- 数据就是我们存放在数据结构里的各种内容，比如存放一些整数、字符串、布尔值。
- 方法则是对象提供的各种操作，比如一些函数。

面向对象编程的基本思路就是把万事万物都看成对象。比如，一只灯泡是一个对象，它的数据有重量、插口尺寸、插口型号、体积、功率等。它的方法有发光、熄灭。

然后这个思路应用到编程上，每一段程序都是一些对象的集合。这些对象通过彼此通信来完成程序要做的事情。

类的概念：

每一个对象都有对应的类型，简称为类 Class。举个例子，苹果的类型是水果，狗的类型是哺乳动物。这个对象和类的关系，也可以反过来说，对象是类的实例 instance。也就是说苹果是水果的一个实例，狗是哺乳动物的一个实例。同一个类下的不同对象之间会有相同之处。比如手机这个类型下的各种对象，各种品牌型号的手机，都具有通话功能（方法），也都有重量、尺寸等（数据）。

类之间也可以有包含关系，比如哺乳动物这个类型下，有狗这种动物，而狗这个类型下又有具体的品种，比如中华田园犬。相当于大类下有小类，小类下有更小的类。这种关系在面向对象编程里叫作继承关系。有继承关系的大的类和小的类叫作父类和子类。比如水果是苹果的父类，犬是中华田园犬的父类。父类可以有多个不同的子类。

为什么要用类实现有以下几个原因。

- 类的方法里隐藏了具体实现。
- 类和类的方法中的具体实现可以被复用。
- 类和类的方法可以被扩展。
- 使用起来比写函数更灵活。

例如，当我们做网页自动化测试时，最初级的写法是既不用类，也不用函数方法，测试脚本的伪代码如下所示：

```
打开 xxx 页面，url=xxx
单击 xxx 链接，文本 =xxxx
等待 xxx 字样出现
```

此时的问题是维护困难，假设有几百个测试脚本文件里都调用了登录操作，如果登录操作的页面修改了，那么这几百个文件都要改。

但是，当引入了函数方法之后，把可重用的一些业务逻辑写在函数方法里，测试脚本变成如下所示：

```
注册新用户 ( 用户名 =xxx，密码 =xxx)
登录用户 ( 用户名 =xxx，密码 =xxx)
修改密码 ( 旧密码 =xxx，新密码 =xxx)
登出 ()
```

此时，除了几百个测试脚本文件，还要维护几百上千个函数方法。那么很容易混乱，比如不同模块下类似的操作，其命名就成为问题，于是又引入了对象。

```
注册页面 . 注册新用户 ( 用户名 =xxx，密码 =xxx)
登录页面 . 登录用户 ( 用户名 =xxx，密码 =xxx)
密码管理页面 . 修改密码 ( 旧密码 =xxx，新密码 =xxx)
密码管理页面 . 登出 ()
```

这样，函数方法可以分门别类进行管理，每个类表示一个页面。这是页面自动化中常用的设计模式：页面对象模式。我们在写程序时使用类，大体上也是为了重用性、扩展性、灵活性等。虽然理论上来说，用函数或者用顺序编程都可以实现所有功能，但使用类或者说使用面向对象编程设计理念，使我们的代码更易维护。

3.11.2 定义一个类

类定义的语法：定义一个类要用到关键字 class，代码如下：

```
class NewClass(object):
    #类的代码写在这里
```

NewClass 是我们自己定义的一个类的名称，自定义的类可以自己随意取名，但一般要以大写字母开始，括号中的 object 是一个父类，表示这个 New Class 类继承自这个父类，类实现的代码也要缩进 4 格。

最后，上面的括号和 object 都是可以省略的。

创建一个类 Animal，继承自 object 类，然后在类的代码的那一行里写一个关键字 pass。

pass 是 Python 中的一个关键字，表示什么都不做，常常用于定义一个类或方法，而暂时还没开始写其内容的时候。

【例 1】使用 pass 关键字：

```
def method_1():
    pass
```

【例 1】中的方法体用 pass 代替了。这个方法并不会执行任何代码，但它也不会报错。这就是 pass 这个关键字的用处。比如我们可以先定义 若干个方法，里面都有写 pass，然后再去实现，把 pass 替换成真正要这些方法的代码。

类的初始化：当我们要往这个类里填入内容的时候，把刚才练习里加的 pass 替换成真实代码。首先是一个初始化方法："__init__()"，默认至少有一个参数 self，如下所示。

【例 2】给 NewClass 添加一个初始化方法：

```
class NewClass(object):
    def __init__(self):
        pass
```

1．删除 Animal 类里的 pass，然后给 Animal 类加一个初始化方法，方法体暂时用 pass 代替。其中需要注意的是，这个初始化方法中的第一个参数必须是 self。为什么呢？因为 self 以后会代表这个类创建出来的对象。

2．继续在这个 Animal 类里做修改。

（1）给“__init__”方法加上第二个参数 name。

（2）在“__init__”方法体里用以下语句为创建的对象添加一个名字：self.name = name

接着我们就可以创建对象了。

【例 3】用一个 Square 类创建对象：

```
class Square(object):
def __init__(self):
    self.sides = 4

my_shape = Square()
print (my_shape.sides)
```

这个例子中，一共有 5 行代码。

第一行到第三行，定义一个类 Square，并且在初始化方法里，给这个类的所有对象添加了一个属性 sides，其值为 4。

第四行，在类定义的代码外，创建一个 Square 类的对象，并存放在变量 my_shape 中。这个对象也叫作 Square 类的一个实例。

第五行，使用 my_shape.sides 打印输出这个类的属性 sides。

仿照【例 3】，继续在 Animal 类定义的范围外，创建一个变量名为 zebra，并把值设成 Animal(“Jeffrey”)，然后打印输出 zebra 的属性 name。

更多初始化相关的细节：

init 方法是创建一个类的对象时首先执行的代码，相当于用这个类的初始化方法创建这个类的对象。init 方法的第一个参数用来代表创建出来的对象。在【例 3】的初始化方法中，“self.sides=4”表示用 Square 类创建出来的任何对象都会带有属性 sides，并且其值为 4。

下面这段代码里，初始化方法 __init__ 里少了一个参数，请给 init 方法再添加一个参数 is_hungry。并仿照对 name 和 age 的操作，将传入的这个参数存在 self 下的同名属性中。

```
# 类定义
class Animal(object):
    def __init__(self, name, age):
        self.name = name
        self.age = age

#注意，初始化方法 init 里第一个参数 self 是不需要在创建对象的时候传给它的。
#以下创建了 3 个对象
zebra = Animal("Jeffrey", 2, True)
giraffe = Animal("Bruce", 1, False)
panda = Animal("Chad", 7, True)

print (zebra.name, zebra.age, zebra.is_hungry)
print (giraffe.name, giraffe.age, giraffe.is_hungry)
print (panda.name, panda.age, panda.is_hungry)
```

创建对象这部分里的代码如下：

```
zebra = Animal("Jeffrey", 2, True)
```

这里传递的三个参数："Jeffrey"、2、True，分别对应 init 方法里的后三个参数：name、age、is_hungry。

第一个参数 self 在创建对象时是不需要传入的，这一点和普通函数很不一样。

注意这段代码里，它用 Animal 类创建了三个对象，而这三个对象有相同的属性 name、age 和 is_hungry。不同的对象之间不会共享对象里属性的值。

3.11.3 类的变量类型

上一小节中已经提到了类的各个对象之间默认不会共享属性；类里的属性其实就是一个个的变量。本节将详细介绍类里面的变量类型。

在 Python 中，变量都有其作用范围，在一段程序中，某些代码片段里定义的变量可能在另外一个代码片段里是无法访问的（如果尝试使用一个无法访问的变量，Python 会提示变量不存在）。例如，在一个 for 循环的循环体内定义的变量，在循环体外是访问不到的，因为那个变量的作用范围限制在循环体内。

一个类里可以定义三种变量，也叫作属性。

- 全局变量，这种变量可以在整个程序的任何地方访问，这种变量用的不多。
- 类变量，这种变量可以被这个类的所有对象访问，但是其值也不是共享的。

- 实例变量，这种变量只能被这个类的特定对象访问。如前面所讲的 name 等属性就是这种情况。

看下面关于类变量的例子。

【例题】一个类变量：

```
class Animal(object):
    is_alive = True # 这是一个类变量
    def __init__(self, name, age):
        self.name = name
        self.age = age

print(Animal.is_alive)
# 类变量可以直接用类名访问

zebra = Animal("Jeffrey", 2)
giraffe = Animal("Bruce", 1)
panda = Animal("Chad", 7)

# 类的各个对象里也都可以访问类变量
# 其值为第 2 行里赋默认值
print(zebra.is_alive)
print(giraffe.is_alive)
print(panda.is_alive)

# 当修改其中一个对象名 . 类变量名时
# 不会影响其他对象里的这个变量的值
zebra.is_alive = False
print(Animal.is_alive)# True
print(zebra.is_alive)# False
print(giraffe.is_alive)# True
print(panda.is_alive)# True

# 而一旦修改类名 . 类变量名的值
# 则所有对象的这个变量的值都被改变了
Animal.is_alive = False
print(Animal.is_alive)# False
print(zebra.is_alive)# False
print(giraffe.is_alive) # False
print(panda.is_alive) # False
```

3.11.4　类的方法

类中定义的函数叫作方法。

之前有介绍过 __init__ 方法。除了这个方法以外，还可以定义其他方法。

1．请把如下代码补充完整。

```
class Animal(object):
    is_alive = True
    def __init__(self, name, age):
        self.name = name
```

```
        self.age = age
        # 你的代码写在下面
```

向 Animal 类添加一个 description 方法，在这个方法的方法体内使用两个 print 语句。

把当前对象的 name 和 age 输出打印到屏幕上。

接着用 Animal 类创建一个对象 hippo，这个对象的 name 和 age 请你自己随意指定。

然后在创建出来的对象上调用 description 方法。

注意，这个方法也要加上默认的一个参数 self。

2．接着在上面的代码里修改。

首先在 is_alive = True 这一行代码后面再加上一个类变量：health，值为“good”。

然后创建两个新的 Animal 对象：sloth 和 ocelot，其 name 和 age 请你自己随意指定。

最后把 hippo、sloth 和 ocelot 三个对象的类变量 health 的值打印输出出来。

参考结果是三个 good。

接着看看下面购物车的例子。

【例题】购物车：

```
class ShoppingCart(object):
    def __init__(self, customer_name):
        self.customer_name = customer_name
        self.items_in_cart = {}

    def add_item(self, product, price):
        if not product in self.items_in_cart:
            self.items_in_cart[product] = price
            print("{} 加入了购物车 .".format(product))
        else:
            print("{} 本来就在购物车里 ".format(product))

    def remove_item(self, product):
        if product in self.items_in_cart:
            del self.items_in_cart[product]
            print("{} 被移出了购物车 ".format(product))
        else:
            print("{} 不在购物车里 ".format(product))
```

这个类除了初始化还有两个方法：向购物车里添加商品的方法 add_item 和从购物车里移出商品的方法 remove_item。

用这个类创建一个 ShoppingCart 类的对象 my_cart。初始化时自定义 customer_name 的值请自己随意输入。然后，使用 add_item 方法向这个购物车中随意添加一个商品。传入参数

product 表示商品名，price 表示价格。

3.11.5　类的继承

类之间的继承关系比较复杂。

继承指的是一个类里可以用另一个类的属性和方法，继承的关系可以用“是一种”来理解。比如，熊猫是一种熊，熊是一种哺乳动物。那么在熊猫这个类里可以用熊这个类的一些属性和方法。举个反例，宝马轿车是一种汽车，但是它不是一种拖拉机。所以它不能通过继承来使用拖拉机这个类的属性和方法。

【例题】顾客和回头客：

```
class Customer(object):
    def __init__(self, customer_id):
        self.customer_id = customer_id

    def display_cart(self):
        print ("购物车中有以下商品：XXX，XXXX。。。")

class ReturningCustomer(Customer):
    def display_order_history(self):
        print ("历史订单有：1.XXX 2.XXX 3.XXX")

monty_python = ReturningCustomer("ID: 12345")
monty_python.display_cart()
monty_python.display_order_history()
```

这里定义了两个类，顾客 Customer 和 回头客 ReturningCustomer。注意 ReturningCustomer 类是 Customer 类的子类，即回头客是一种顾客。

在 ReturningCustomer 类的定义时括号里写了 Customer，也就是指定了父类。因此在 ReturningCustomer 类中可以使用 Customer 类中定义过的属性和方法。

看最后三行代码的含义。

（1）使用 Customer 类的初始化方法创建 ReturningCustomer 类的对象。

（2）在 ReturningCustomer 类的对象上调用 Customer 类里定义的 display_cart 方法。

（3）在 ReturningCustomer 类的对象上调用了 ReturningCustomer 类里定义的 display_order_history 方法。

其中 1 和 2 都是因为继承关系，所以才能这样使用。

继承的语法如下：

```
class DerivedClass(BaseClass):
#类的代码写这里
```

DerivedClass 作为子类，BaseClass 作为父类，父类又叫作基类。

在下面代码的第 1 ～ 3 行，我们创建了一个叫作 Shape 的类，表示几何图形。

初始化方法里指定 number_of_sides 表示这个图形有几条边。

（1）创建一个类 Triangle，并继承 Shape 类，表示三角形类。

（2）在 Triangle 类里，写一个初始化方法，接受 4 个参数：self、side1、side2、side3，这四个参数，第一个是初始化方法里固定的 self 参数，后面的分别代表三角形的三条边。

（3）在初始化方法里，为各条边赋值“self.side1 = side1”。

根据上述要求，把下面代码补充完整。

```
class Shape(object):
    def __init__(self, number_of_sides):
        self.number_of_sides = number_of_sides

# 把你的类写在下面
```

方法重写 Override：有时候我们希望子类继承父类的一些方法，但是对另一个方法，又想实现和父类完全不同的业务逻辑。

【例 1】重写一个方法：

```
class Employee(object):
    def __init__(self, name):
        self.name = name
    def greet(self, other):
        print ("你好, %s" % other.name)

class BOSS(Employee):
    def greet(self, other):
        print ("赶紧回去干活, %s!" % other.name)

boss = BOSS("比尔")
emp = Employee("小明")
emp.greet(boss)
# 你好, 比尔
boss.greet(emp)
# 赶紧回去干活, 小明!
```

这个例子中，老板 boss 也是公司的一种员工，所以老板的类 BOSS 继承了员工类 Employee。

但是，老板向员工打招呼和员工向老板或员工之间打招呼可能方式完全不同。这里我们在 BOSS 类里并没有选择创建一个新的向下属打招呼的方法，而是直接重写了打招呼用的 greet 方法。于是，在最后调用这个方法时，Python 发现这个 BOSS 类里有一个 greet 方法，它的父类里也有一个 greet 方法，两者完全同名，就执行了子类里的 greet，相当于在子类里重新写一遍父类里存在的方法。

我们读子类代码时，心里可以想象，把父类里的各种属性定义和方法定义的代码复制粘贴到子类里面，形成一个完整的子类。而有重复的方法或属性时，选择子类定义的。

1．按照上述要求把下面代码补充完整。

创建一个新的类 PartTimeEmployee 临时工，继承自 Employee 员工类。

在这个临时工类里重写计算工资的方法 calculate_wage，参数仍然是 self 和 hours，hours 代表工作时间的小时数。

因为方法重写了，所以在这个计算工资的方法里仍旧需要写一遍语句："self.hours = hours"，把工作时间存入对象的属性中。然后因为临时工工资低，时薪只有 40 元，计算工资的方法里应该返回 40.00 乘以小时数。

```
class Employee(object):
    def __init__(self, employee_name):
        self.employee_name = employee_name

    def calculate_wage(self, hours):
        self.hours = hours
        return hours * 100.00

# 你的代码写在下面
```

方法重写后想要访问父类方法：有时我们在写子类的一些方法时，一方面使用重写，另一方面又想要父类的同名方法提供一些功能。这时我们可以用 super 来访问父类的方法。

【例 2】在子类里调用父类的方法：

```
class Base(object):
    def m(self):
        return "父类的方法调用结果"
class Derived(Base):
    def m(self):
        return super(Derived, self).m() + "子类的计算结果"

d = Derived()
print(d.m()) # 父类的方法调用结果 子类的计算结果
```

2．按要求把下面代码补充完整。

```
class Employee(object):
    def __init__(self, employee_name):
        self.employee_name = employee_name

    def calculate_wage(self, hours):
        self.hours = hours
        return hours * 20.00

# 你的代码写下面
```

```
class PartTimeEmployee(Employee):
    def calculate_wage(self,hours):
        self.hours = hours
        return hours * 12.00
```

（1）在临时工类里加上一个方法 full_time_wage，参数是 self 和 hours。

这个方法返回 一个通过 super 调用的 calculate_wage 方法，这个方法来自父类。

注意，写法上参考例 2。

（2）在代码的最后另起一行顶格写。

创建临时工类的一个对象，变量名为 milton。员工名字为“milton”。

（3）在 milton 上调用 full_time_wage 方法，并用 print 把结果打印输出。调用时的工作时间为 10 小时。

参考结果：200.0。

3.11.6 类的复习

首先我们来创建一个类。

1．创建一个 Triangle 三角形类。在 __init__() 方法里接受参数 self，angle1，angle2，angle3。这三个参数分别表示三个角的角度。然后在 init 方法里把这三个角度都设置成这个类的属性。

2．接下来，在这个类里，创建一个类变量 number_of_sides 表示边的数量，并赋值为 3。创建一个方法 check_angles，这个方法用来检查三个角的角度之和是否为 180 度。如果是，就返回 True；否则返回 False。

注意在计算时，角度要用 self.angle，self.angle2，self.angle3 这种形式从类的属性里读取出来。

3．下一步，在类的外面创建一个变量 my_triangle，并用 Triangle 类创建一个对象，把值赋给这个变量。创建对象时输入的三个角度为 90、30、60。然后在屏幕上显示出 my_triangle.number_of_sides 和 my_triangle.check_angles()。

4．最后一个任务，我们来创建一个等边三角形的类 Equilateral，等边三角形的三个角都是 60 度，三条边的长度相等。

（1）创建一个等边三角形的类：Equilateral 继承自三角形类 Triangle。

（2）在 Equilateral 类里创建一个类变量 angle 值为 60。

（3）创建一个方法 __init__()，接受参数是 self。在方法体里把 self.angle1、self.angle2 和 self.angle3 都设置等于 self.angle。

3.12　文件操作

这里我们来试着用 Python 操作电脑上的文件，对文件进行读写，这种操作称为 I/O 操作。也就是输入 / 输出操作。

3.12.1　写文件

【例 1】初识文件操作：

```
my_list = [i ** 2 for i in range(1, 11)]
# 这是从 1 到 10 各个整数的平方的列表推导式

f = open("output.txt", "w")

for item in my_list:
f.write(str(item) + "\n")

f.close()
```

【例 1】是把 my_list 这个用推导式生成的列表写入文件 output.txt 中。

代码从这行开始：

```
f = open("output.txt", "w")
```

open 是 Python 的一个内置函数。这一行告诉 Python 要打开的文件是 output.txt，第一个参数里我们只输入了文件名 output.txt，那么这个文件默认就是在脚本所在的当前目录下。第二个参数表示文件打开模式为 w 模式。w 就是 write，中文意思写，也就是说这种模式下打开的文件只能往里面写内容而不能从里面读内容。然后把打开的文件存放在变量 f 里。

创建一个变量 my_file，值等于下面 open 方法的调用结果。用 open 方法打开 output.txt，使用的模式为“r+”，这种模式打开的文件既可以读也可以写。

文件打开之后就可以往里面写内容了，我们可以用以下语法在一个文件里写内容；

```
my_file.write("写入文件的字符串")
```

这里的 write 方法用来把字符串写入文件。写完文件之后，还需要把文件关闭：

```
my_file.close()
```

补充下面代码。

```
my_list = [i ** 2 for i in range(1, 11)]
my_file = open("output.txt", "w")
# 你的代码写这里
```

首先遍历 my_list 得到其中各个数值，然后在遍历循环里用 my_file.write() 方法把这些数值写入 output.txt 中，用遍历得到的数值做参数。

提示：数字转换成字符串用 str() 方法，转换之后才可以写入文件中。每写完一个数值之后，记得再写一个换行符“\n”，这样一行就只会出现一个数值，最后用 my_file.close() 关闭文件。

【例 2】向现有的文件中追加内容：

```
my_list = [i ** 2 for i in range(1, 11)]
# 这是从 1 到 10 各个整数的平方的列表推导式

f = open("output.txt", "a") # 注意这里用了 a 模式

for item in my_list:
    write(str(item) + "\n")

f.close()
```

这个例子中使用了追加模式：“a”模式，会一直在 output.txt 后追加内容。

以下是文件读写的各种模式的简单介绍：

（1）‘r’：读。

（2）‘w’：写。

（3）‘a’：追加。

（4）‘r+’ == r+w（可读可写，文件若不存在就报错 IOError）。

（5）‘w+’ == w+r（可读可写，文件若不存在就创建）。

（6）‘a+’ ==a+r（可追加可写，文件若不存在就创建）。

3.12.2 读取文件

我们看看怎样从 output.txt 里读取文本内容，可以用 read() 方法读取文件。

```
print(my_file.read())
```

在读取文件前后，同样要打开和关闭这个文件。

定义一个变量 my_file，值等于下面的 open 方法调用结果：用 open 方法打开 output.txt 并且使用模式 r 。接着用 print 和 read 把 my_file 里的内容读出来并显示到屏幕上。最后关闭这个文件。

上面的做法是一次读取整个文件。如果要一次只读取一行内容，可以使用 readline() 方法。

创建一个变量 my_file，值等于下面的 open 方法调用结果：用 open 方法打开 text.txt，使用的模式为“r”。（为了让后续代码能顺利执行，我们手动创建这个文本文件，并随便写五行代码内容。）然后用 print 语句显示出 my_file.readline() 的值。重复写三次，也就是打印出这个文件的前面三行内容，最后用 close 关闭这个文件。

前面说过很多次文件打开之后需要关闭。如果忘了关，会怎么样呢。

【例题】忘记关闭文件：

```
write_file = open("text.txt", "w")
read_file = open("text.txt", "r")

write_file.write("没关闭会出问题")
print (read_file.read())
```

这个例子中的代码最终是显示不出任何内容的，也就是读不出文件的内容。

给【例题】中打开文件所用的两个变量各自加上 close，分别加在写完文件和读完文件之后，让【例题】运行后能显示出文件中的内容。

3.12.3　用 with 读写文件

按之前两小节里说的方法读写文件，我们很容易忘记 close 打开的文件。

Python 其实还有更简单的读写文件的写法：用 with 和 as 。

具体语法代码如下：

```
with open("文件路径", "模式") as 变量:
    #文件内部的读写操作，比如 read 或 write
    #这些操作都是对 as 后面的变量做的
```

这种打开文件的方式，在 with 内的语句执行完毕后，会自动执行文件对象的"__exit__"方法，也就是会自动关闭打开的文件。

这里提到的"__exit__"方法，和之前学过的"__init__"方法类似，这种以双下画线开头的方法，是有一些特殊功能的。有兴趣的话，可以自己查找一下这个方法的用法。

现在我们只需要知道 Python 的文件对象自带了打开"__enter__"和关闭"__exit__"的两个方法。而只要一个对象定义了这两个方法，就可以用 with as 的语法去打开和关闭它。

其实，在这里只是起到了一个简化代码编写和防止我们忘了关文件的作用。

【例 1】以写模式打开一个文件 text.txt 并以变量 textfile 表示这个文件。

```
with open("text.txt", "w") as textfile:
textfile.write("Success!")
```

在一个文件中随便写任意字符串 text.txt。要求使用 with as 的语法完成，使用 my_file 来作为变量表示这个文件。

Python 中也提供了检查文件是否关闭的方法。

【例 2】使用 closed 来检查文件是否关闭：

```
f = open("text.txt")
print(f.closed)
# False
f.close()
print(f.closed)
# True
```

以上文件未关闭时会返回 False，已关闭时返回 True。

在上一个小练习中的代码后面加上一个 if 条件语句进行判断。如果这个文件未关闭，则调用 close 方法把它关闭。最后在 if 条件判断外，写一个 print 语句，输出 my_file.closed 的值。这样你就知道这个文件最后到底有没有关闭了。

第 4 章

接口测试基础

这一章将为大家介绍接口测试的基础，主要讲解网络协议、常用工具和脚本编写这三方面内容。其中，网络协议是最重要的，在自动化测试的面试中，也是最常被问到的，建议读者对这一块内容重点掌握。

4.1 网络协议基础

网络协议本身是比较复杂和抽象的概念，这一节主要会通过一些类比，来介绍网络的分层以及每一层中的协议。

4.1.1 接口测试相关概念

在开始学习接口测试之前，我们需要理解一些相关的概念：

- 服务端程序。现在的软件开发，大多是网络程序的开发。网络程序又通常分为服务器端程序和客户端程序。像我们常常使用的搜索引擎，当用浏览器或手机 App 打开搜索引擎，则这个浏览器或者手机 App 也就是客户端程序。当我们在客户端输入一个搜索关键字时，这个信息会被发送到服务端程序上，然后服务端程序去做信息的检索，再把搜索结果发回到客户端程序上，这样我们就可以看到搜索结果了。接口测试的目标通常就是测试服务端程序。
- 图形界面。这是客户端程序里提供给用户使用的界面。标准叫法为用户接口（UI，User Interface）和图形化用户接口（GUI，Graphical User Interface）。区别是 UI 泛指各种给用户提供的界面，比如 Linux 操作系统中的命令行界面（CLI，Command Line Interface）也是一种 UI，而 GUI 指图形化界面。
- 数据的封包和解包。当我们操作 UI 时，客户端程序会把我们想要发送给服务端程序的指令封装成数据的包。会封装成什么类型的包，取决于数据在网络的哪一层封装。后面我们会详细讲解数据的包和网络的分层。当服务端把数据处理完毕或指令执行完毕后，服务端会把要发送给用户的数据也封成包，发送回客户端。客户端再把包解开，提取里面的数据。这就是封包和解包的过程。

- 工具或脚本。当我们使用图形界面做手工测试时，可以不用工具或脚本，客户端程序会完成数据的封包。这样做测试，测试的对象是整个程序，也就是我们把客户端程序加上服务端程序视为一个黑盒。而接口测试中则不同，我们要测的对象变成服务端程序。也就是说，我们把服务端程序视为一个黑盒。然后，再用工具或脚本去模拟客户端程序的工作，像客户端程序一样去做封包工作和数据发送工作，再在收到服务端返回信息后，像客户端程序一样去把包解开来，把数据呈现出来。

4.1.2 网络协议

网络协议定义了计算机之间通信的方式。如图 4-1 所示，左边是人类之间的"人类协议"。当我们按照这个协议向别人询问时间时，我们先向其他人发送一个"你好"（这段数据称为一个"报文"），此时对方可能会回复一个"你好"。当对方这样回复了，我们就知道可以继续向他提问时间了。而如果对方给的回复是其他内容，比如"别烦我"或者干脆没有回复，那么我们就知道对方处于无法应答的状态，于是需要向其他人询问时间。

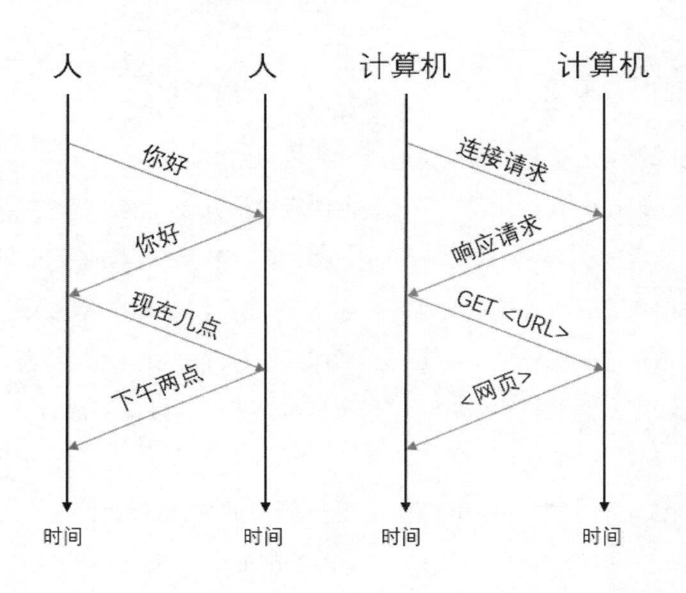

图 4-1 "人类协议"与计算机网络协议

再看一个例子，你在上课的时候想要向老师提问，首先你举起了手（按照"上课提问"的协议发送了一个报文），然后老师面带微笑，对你说："请讲……"（这是老师向你发送的一个报文响应，告诉你可以继续提问）。于是你继续提出了问题"请问……"（这是问题内容的报文请求），老师马上就会回答你（这又是一个报文响应）。

这种“询问和回答”的交流方式，就是协议的核心，也就是请求和响应。

而右边是计算机网络协议。（注意：实际上 TCP 连接需要三次握手才能建立，此图仅为示意图）一台计算机按照网络协议里规定的请求和响应的格式去与另一台计算机通信。图中左侧的计算机向右侧请求建立 TCP 连接，然后通过 HTTP 请求获取特定的网页数据。现在的网络协议适用的不仅仅是普通计算机，其他像智能手机、平板电脑，各种智能设备，凡是能上网的设备都适用于网络协议。

协议定义了通信实体间交换的报文格式和次序，以及发送和接收报文的方式和处理动作。

4.1.3　网络分层和数据

为什么网络要分层呢？

我们可以想象一下整个互联网，有无数的终端，很多协议，无数的交换机和路由器。随着时代不断发展，这张网络越来越大。为了描述这样的超级复杂的系统，计算机网络采用了分层的方法，来描述这种复杂性。

我们在日常生活中的一个类似的例子是：乘飞机旅行。

这里，我们把在机场乘坐飞机旅行的过程按照分层的模型划分成五个层次，如图 4-2 所示。

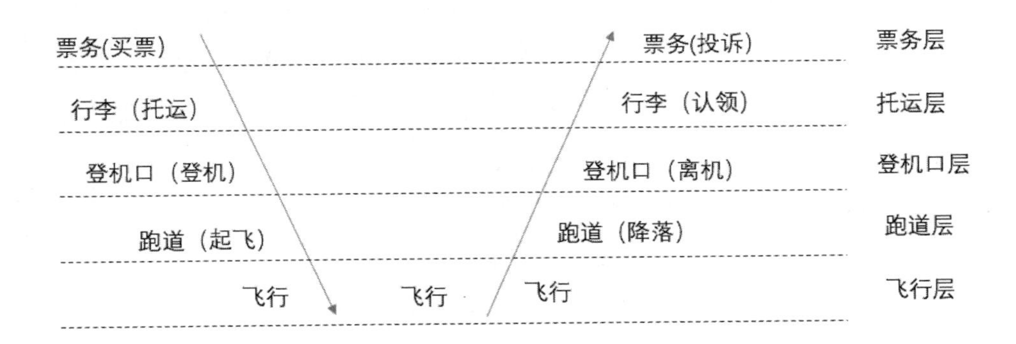

图 4-2　用五层协议描述乘飞机旅行的过程

对其中任意一个层次来说，它都和其下面的层次一起提供了某种功能，比如：

- 在票务层及以下层次，提供了一个人和他的行李从一个机场柜台到另一个机场柜台的转移。
- 在行李托运层及以下层次，提供了一个人和他的行李从一个机场的行李托运处到另一个机场的行李托运处的转移。

- 在登机口层及以下层次，提供了一个人和他的行李从一个机场的登机口到另一个机场的登机口的转移。
- 在跑道层及以下层次，提供了一个人和他的行李从一个机场的跑道到另一个机场的跑道的转移。
- 飞行层单独提供了使一个人和他的行李飞行的服务。

上述五点也就是各层向它上面的层次提供的服务，如图 4-3 所示。

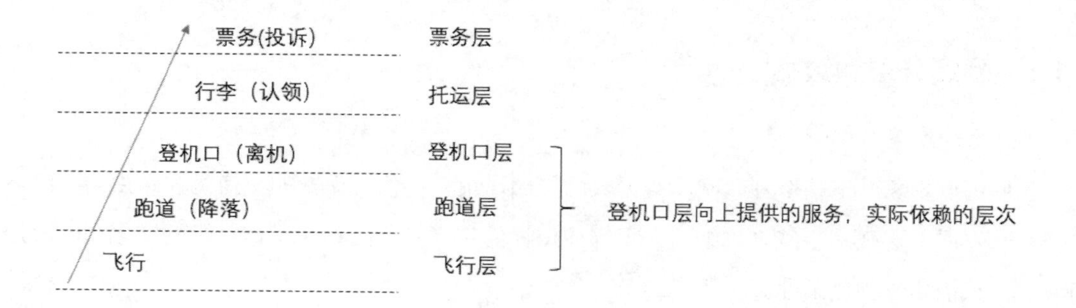

图 4-3　登机口层向上提供的服务

这里值得注意的是，每一层本身都有一定的功能，比如登机口层提供了登机和离机功能。

同时，每一层都使用它以下的所有层次提供的服务，比如登机口层的功能是建立在跑道层和飞行层一起提供的，把人和行李从一个机场的跑道转移到另一个机场的跑道的服务之上的。

计算机网络也使用类似的分层方式来描述，我们只需要关注各层次本身的功能和向上提供的服务，就可以理解计算机网络这个复杂的系统。

如图 4-4 所示为两种网络分层方法。

5层因特网协议栈	7层ISO OSI参考模型
应用层	应用层 表示层 会话层
运输层	运输层
网络层	网络层
链路层	链路层
物理层	物理层

图 4-4　计算机网络的两种分层模型

大家可以从左边的 5 层因特网协议栈开始学习，右边的 7 层 ISO 标准的 OSI 参考模型是国际标准化组织试图对网络协议栈进行标准化时研究出来的。我们大概知道其每一层对应原来的 5 层协议栈中的哪一层就好，那么网络分层和接口测试有什么关系呢？

前面也说了，在分层模型描述下的复杂系统，它的每一个层次都会具备自己的功能，以及向更上方的层次提供服务。服务就是 service，而接口测试有的时候又叫作服务测试。比如 Web service 测试——网络服务测试。

也就是说，我们做接口测试，其实测的就是待测软件提供的服务。而现在大多数待测软件是网络程序，它使用了互联网各个层次的服务，又在其上附加了自己的功能，并提供给用户使用。

因此，我们可以这样来理解接口测试的测试对象，如图 4-5 所示。

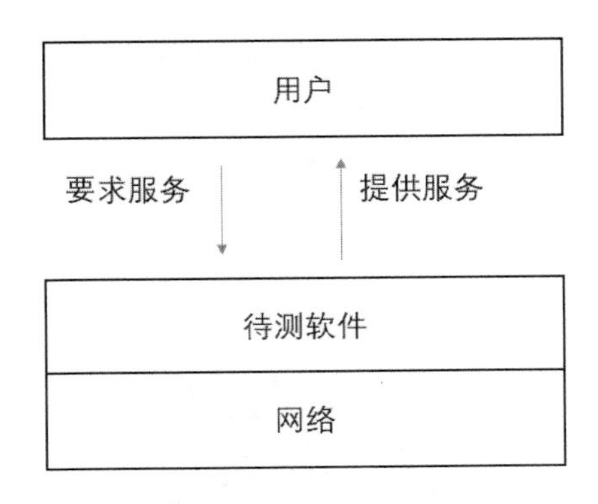

图 4-5　接口测试的测试对象为服务

一个待测软件，提供给用户使用的很多接口就是接口测试要测的服务。

同样的，一个复杂的待测软件内部也可以分层，比如：UI 层 +Service 层 + 数据层，这些内部层次之间也有接口。换句话说，待测软件内部层次、模块之间的服务，也可以是接口测试的测试对象。

4.1.4　应用层和 HTTP 协议

应用层是网络应用程序和其应用层协议所在之处。应用层有许多协议，比如 HTTP 协议、SMTP 协议和 FTP 协议等。

- HTTP 协议，我们上网时在浏览器中输入网址时前面的 http:// 就表示我们在用 http 协议请求和传送网页。
- SMTP 协议，简单邮件传输协议，在我们使用 Outlook 之类的邮件程序的时候就需要配置使用的电子邮件的 SMTP 服务器地址（也有的邮件是用 POP3 协议的）。
- FTP 协议，这个协议我们用得更多了，内网上传下载文件，常常使用 FTP。

而应用层的网络应用程序，对测试人员来说，我们测试的大部分网站和 App 都是这种程序。比如搜索引擎、网上购物网站、论坛等。

举一个搜索引擎网站的例子，我们在浏览器里，使用 HTTP 协议向这个网站的服务器端发送了一个请求要求获取某个关键字的搜索结果。我们在页面里输入的内容，被按照 HTTP 协议封装成报文，发送到这个网站的服务器端，服务器端按照 HTTP 协议把报文里的数据部分提取出来，进行处理。

像这样，我们通过浏览器里封装报文，使用应用层的 HTTP 协议和应用层以下的层次提供的“把报文传送到服务器端”的服务来完成报文的传输，之后服务器端再把报文解开，提取出内容，然后把搜索结果用一样的流程返回到浏览器，如图 4-6 所示就表示了这个传输过程。

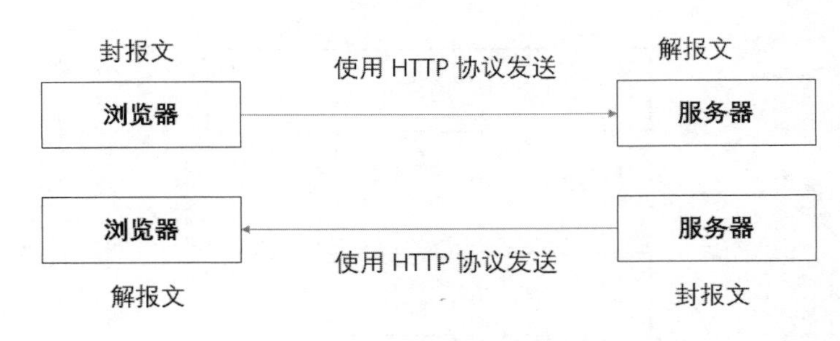

图 4-6　HTTP 协议示意图

那么 HTTP 协议里又是怎样封装报文和解报文的呢？

HTTP 协议里是按照协议规定好的格式来封装报文和解报文的，如图 4-7 所示。

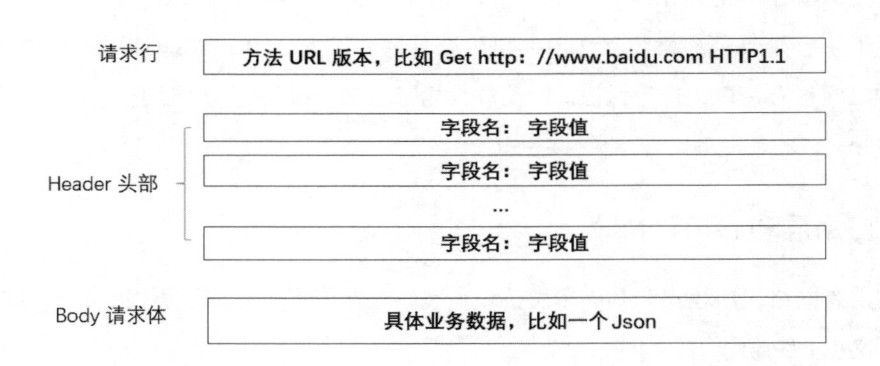

图 4-7　HTTP 请求报文的简单示意图

这是一个 HTTP 请求的三个组成部分：

- 请求行，包括了使用的 HTTP 方法（如 Post、Get、Delete 等），请求的 URL 和协议版本。
- 请求头（Header），包括了一些字段，这里可以存放很多有业务意义的字段，比如用户名和密钥。也可以放一些很常见的、通用的内容，比如日期、服务器软件名及版本、请求体长度等。

● 请求体（Body），具体的业务数据，比如常见的 restful 风格的 HTTP 接口里会在这个地方放一个 Json 对象。

如图 4-8 所示为服务器给出的响应。

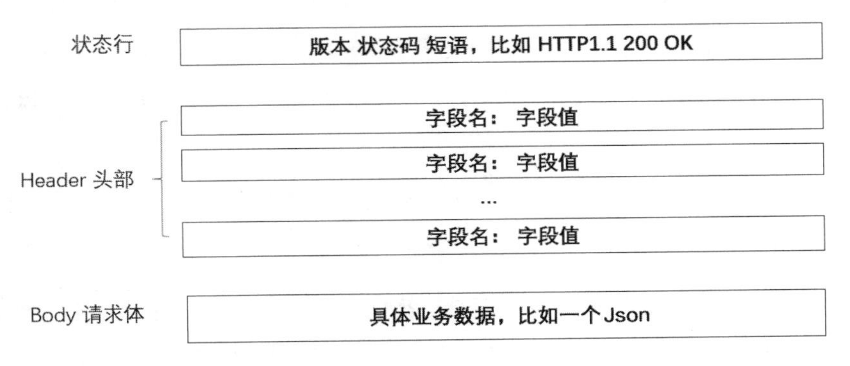

图 4-8　http 响应报文的简单示意图

这里唯一不同的是响应的第一行是状态行，在状态行里可以看到状态码和短语，一些常见的状态码和短语如下：

● 200 OK：表示请求成功。
● 301 Moved Permanently：表示所请求的内容已永久转移。这个响应的头部会带上 Location 这个字段，包含新的网址。而客户端会自动再次向新网址发起请求。
● 400 Bad Request：表示发送的请求服务器无法理解，通常就是发送了错误的请求内容。
● 404 Not Found：表示请求的资源找不到。
● 500 InternalServerError：服务器内部错误。

应用层这方面内容，我们只介绍了 HTTP 协议，并且 HTTP 协议的内容也还没有介绍完，HTTP 协议本身也有很多内容可以学习。如果大家感兴趣的话，可以在网上搜索更多 HTTP 协议的资料。

值得一提的是，我们做的接口测试，大多数都是基于 HTTP 协议的接口测试。

4.1.5　其他层次和协议

下面依次介绍其他层次的协议。

● 我们需要知道传输层主要有 TCP 和 UDP 两个协议，这一层传输的是报文段。顾名思义，传输层的协议就是用来把应用层报文从一个端传送到另一个端。应用层的报文，比如 http 报文，可以通过 TCP 或 UDP 来传输。TCP 协议是面向连接的服务，它能确保报文被传送到目的地，如果目的地没收到，会重新传。UDP 协议是无连接的服务，它只负责把报文发出去，不管到底有没有被目的地接收到。以 TCP 为例，它也有自己的报文段格式，前面应用层的整个报文，作为它的报文段里的业务数据来传输。我们可以想象一个快递包裹，里面装的是真实的业务数据，然后从应用层开始，每一层都会在这个包裹外面再包一层包装，并在包装皮上写上这一层自己定义的数据。

- 网络层负责传输数据报，同样，数据报里的主要内容就是传输层的报文段。网络层的主要协议是 IP 协议，其他还有一些路由选择协议。
- 链路层传输的数据称为帧。链路层的例子包括以太网、Wi-Fi、电缆接入网的 DOCSIS 协议等。
- 物理层的作用是把链路层的帧，每一个比特从一个节点传输到另一个节点。物理层协议与链路层相关。

大部分应用层程序的接口测试使用的是 HTTP 协议，但是还有一些是其他协议，包括自定义协议。比如 Dubbo 是阿里巴巴公司开源的一个高性能优秀的服务框架，它支持一些协议：dubbo，rmi，hessian，webservice 等。

这里可以看到 HTTP 只是其中一种协议，如果你的项目组开发使用支持多种协议的框架如 Dubbo，那么你的接口测试也可能需要支持不同协议。虽然，这些协议看上去很多，很复杂，但是实际上，我们做接口测试的原理都是一样的，参考对 HTTP 接口的测试原理，不同协议的区别只是封装报文的格式不同，或增加了一些特殊限制，又或是所基于的传输协议不同。

如图 4-9 所示我们看到，一个 IP 协议的报文的数据部分包含了完整的 TCP 报文。而 TCP 协议的报文数据部分又包含了完整的 HTTP 报文。同样在这个 HTTP 报文的数据部分也可以再包含其他协议的完整报文，比如 webservice 协议报文。

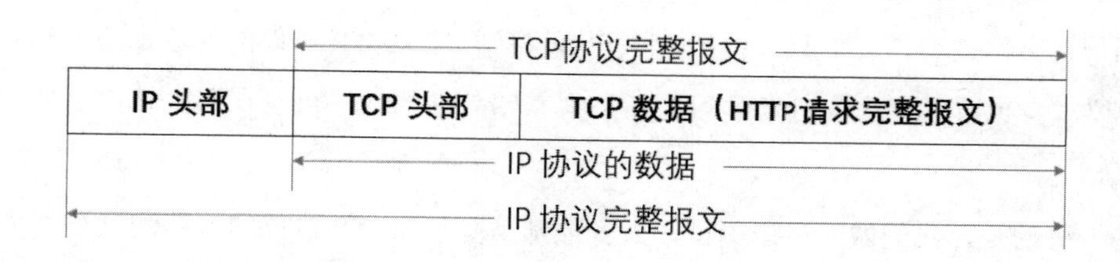

图 4-9　IP 协议报文的简单示意图

对于这么多协议要怎么在接口测试的脚本中处理，我们按照以下原则来操作。

（1）先找现成的，实现了这个协议的第三方库。

（2）没有第三方库时使用它的下一层的协议的库来实现一个库。

举个例子，笔者曾经做过一个针对公司内部自制协议的测试工具开发，没有现成的库可以调用。因为这个协议是由 TCP 协议来传输的，我们就基于 TCP 协议的库来实现了一个符合协议的库。

4.2 接口测试常用工具

这里说的工具，其实不是用来做自动化测试的，而是手工做接口测试时可以使用的一些工具软件。它们常常被用于辅助我们编写测试脚本、做调试以及验证我们用编程语言写的测试脚本是否正确。当然，也有一些公司会选择直接使用这类工具来做自动化。但直接使用工具做自动化，仍然需要一定程度上的二次开发，如果不做二次开发，这类测试工具不够灵活的缺点就会影响自动化测试的效率。

4.2.1 抓包工具

在理解了网络协议的概念后，我们可以使用抓包工具来抓取浏览器和服务器之间发送的 http 请求数据包，来加深对网络协议的理解。

常用的抓包工具有：

1. 浏览器自带抓包工具

这一类是最简单的抓包工具，在火狐等浏览器下按【F12】可以打开浏览器自带的抓包工具，找到其最上面“网络”的选项卡后，刷新页面，即可抓取当前页面上所有的 http 请求和响应。图 4-10 所示界面是火狐浏览器中打开 GitHub 首页后抓到的包。

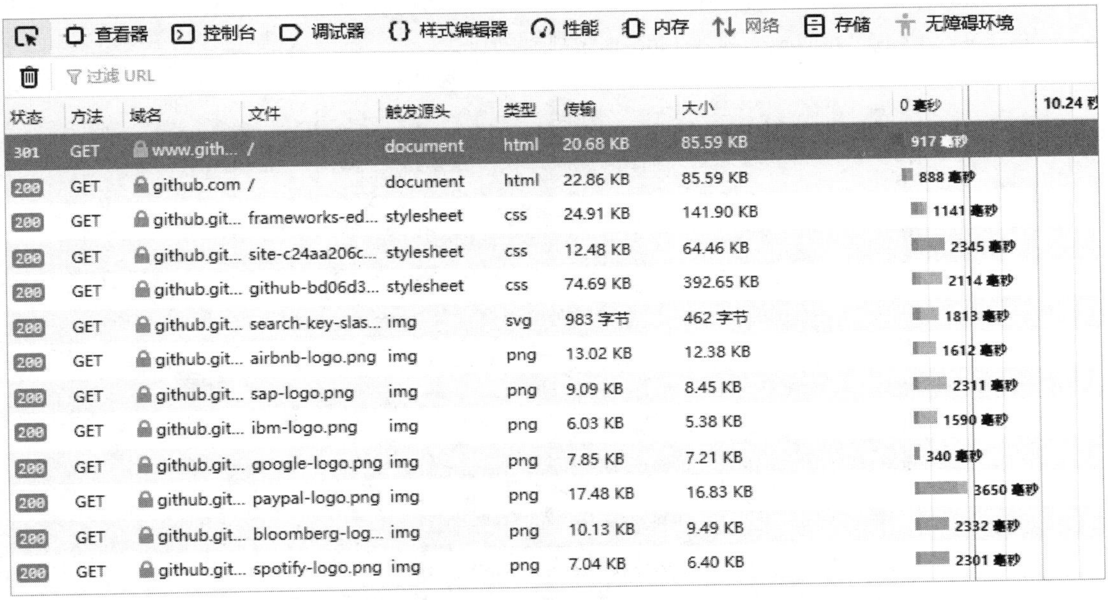

查看器 控制台 调试器 样式编辑器 性能 内存 网络 存储 无障碍环境

过滤 URL

状态	方法	域名	文件	触发源头	类型	传输	大小	0 毫秒 ... 10.24 秒
301	GET	www.gith...	/	document	html	20.68 KB	85.59 KB	917 毫秒
200	GET	github.com	/	document	html	22.86 KB	85.59 KB	888 毫秒
200	GET	github.git...	frameworks-ed...	stylesheet	css	24.91 KB	141.90 KB	1141 毫秒
200	GET	github.git...	site-c24aa206c...	stylesheet	css	12.48 KB	64.46 KB	2345 毫秒
200	GET	github.git...	github-bd06d3...	stylesheet	css	74.69 KB	392.65 KB	2114 毫秒
200	GET	github.git...	search-key-slas...	img	svg	983 字节	462 字节	1813 毫秒
200	GET	github.git...	airbnb-logo.png	img	png	13.02 KB	12.38 KB	1612 毫秒
200	GET	github.git...	sap-logo.png	img	png	9.09 KB	8.45 KB	2311 毫秒
200	GET	github.git...	ibm-logo.png	img	png	6.03 KB	5.38 KB	1590 毫秒
200	GET	github.git...	google-logo.png	img	png	7.85 KB	7.21 KB	340 毫秒
200	GET	github.git...	paypal-logo.png	img	png	17.48 KB	16.83 KB	3650 毫秒
200	GET	github.git...	bloomberg-log...	img	png	10.13 KB	9.49 KB	2332 毫秒
200	GET	github.git...	spotify-logo.png	img	png	7.04 KB	6.40 KB	2301 毫秒

图 4-10 火狐浏览器自带的抓包工具抓取的数据

如图 4-11 所示是火狐浏览器中对某一个具体的包的解析，在顶部选项卡里可以看到“消息头”“Cookie”“参数”“响应”等选项。

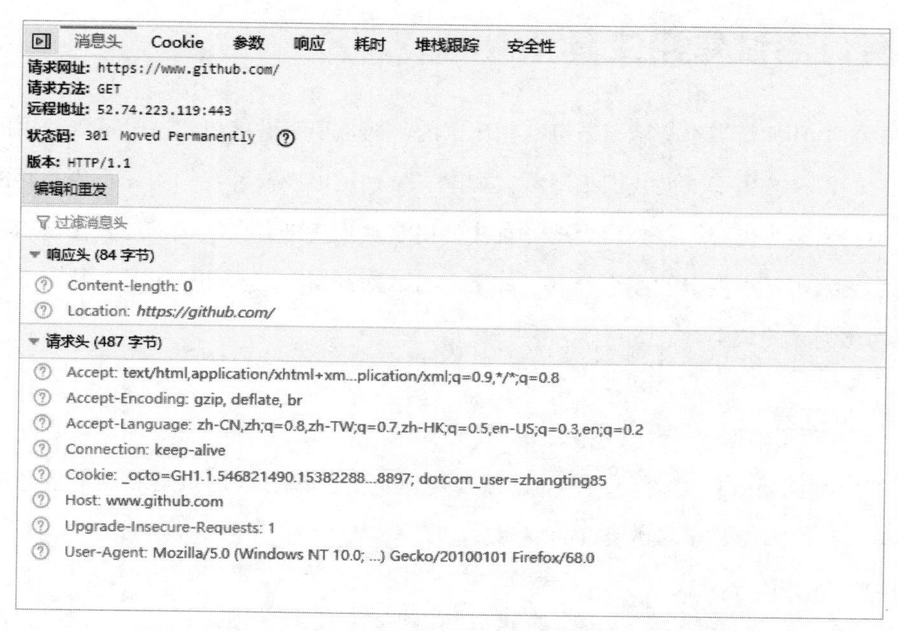

图 4-11　火狐浏览器自带的抓包工具对包的解析

2．Fiddler、Charles 等抓取 http 包的工具

这一类抓包工具主要用于抓取 http 消息，属于比浏览器抓包工具功能稍强大一些的工具。笔者常用的是 Fiddler。

如图 4-12 所示的界面是火狐在 Fiddler 中抓到的包。

#	Result	Protocol	Host	URL
1	200	HTTPS	www.fiddler2.com	/UpdateCheck.aspx?isBeta=False
2	200	HTTP	gorgon.youdao.com	/gorgon/request.s?s=%3D%3DAM98kTfNU
3	304	HTTP	oimagec1.ydstatic.c...	/image?id=-3698380090567072960&produc
4	200	HTTP	dsp-impr2.youdao.c...	/k.gif?yd_ewp=131&yd_ext=EsIBCgEwEiA0
5	-	HTTP	Tunnel to	geo.qualaroo.com:443
6	200	HTTP	Tunnel to	dntcl.qualaroo.com:443
7	200	HTTP	Tunnel to	www.telerik.com:443
8	200	HTTP	Tunnel to	cdn.bizible.com:443
9	200	HTTP	Tunnel to	px.ads.linkedin.com:443
10	200	HTTP	detectportal.firefox...	/success.txt
11	200	HTTP	Tunnel to	www.telerik.com:443
12	200	HTTP	Tunnel to	rum-collector-2.pingdom.net:443
13	200	HTTP	Tunnel to	cdn.bizible.com:443
14	200	HTTP	detectportal.firefox...	/success.txt
15	200	HTTP	Tunnel to	cdn.bizible.com:443
16	200	HTTP	detectportal.firefox...	/success.txt
17	200	HTTP	Tunnel to	cdn.bizible.com:443
18	200	HTTP	detectportal.firefox...	/success.txt

图 4-12　Fiddler 抓包工具抓取的数据包

如图 4-13 所示 Fiddler 抓包工具对包的解析，Fiddler 还可以用来向服务端发送数据包。但是，发送数据包，我们还有更好用的工具，这里就不再赘述了。

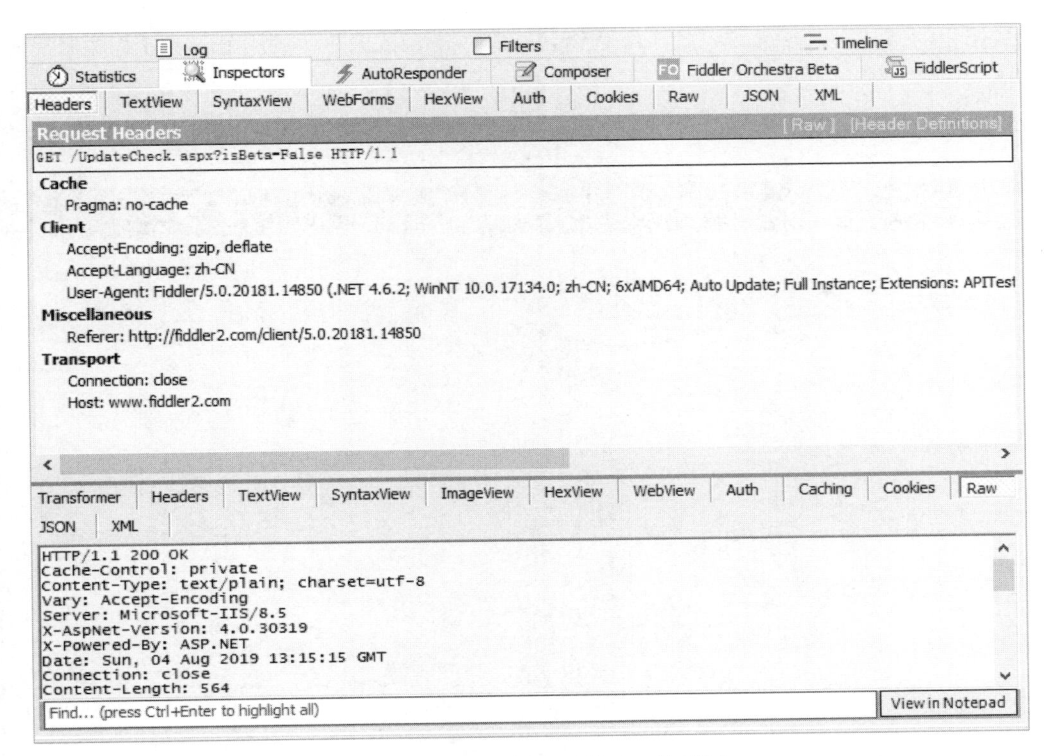

图 4-13　Fiddler 抓包工具对包的解析

3．Wireshark 等抓取各层协议的包的工具

Wireshark 和 Fiddler 的区别在于其可以抓取各网络层次的数据包，当我们需要测试一些非 http 协议时可以使用它，比如用 Wireshark 来抓取 TCP 协议的数据包。

4．Tcpdump 等 Linux 上使用的抓包工具

在 Linux 操作系统上，如果要抓包，则可使用 Tcpdump 命令。常用于抓取服务端的数据包或抓取测试执行环境上的数据包。

4.2.2　发包工具

有抓包工具，自然就有发包工具用来发送数据包。

1．Windows 上可以使用 Postman 来发送数据包

Postman 是一个用来发包的工具，它非常流行，可以用来发送请求、解析响应，甚至支持一些脚本等高级功能。在我们熟练使用 Python 发送数据包之前，可以使用 Postman 来帮助调试。

如图 4-14 所示 Postman 的主界面，在其中用黑色椭圆圈出了三个关键点，我们从左往右依次设置：HTTP 请求的方法选择 GET，在 URL 中输入 www.baidu.com，最后单击 Send 按钮。这样就完成发送一个最简单的 Get 请求。下面大的文本框里显示服务器发出的响应，也就是其 html 文本。读者如果感兴趣，还可以从官网下载使用这个工具，后面我们会介绍使用 Python

发送数据包的方式，一般来说，使用编程语言写脚本发送数据包比使用 Postman 等图形界面工具更加方便。

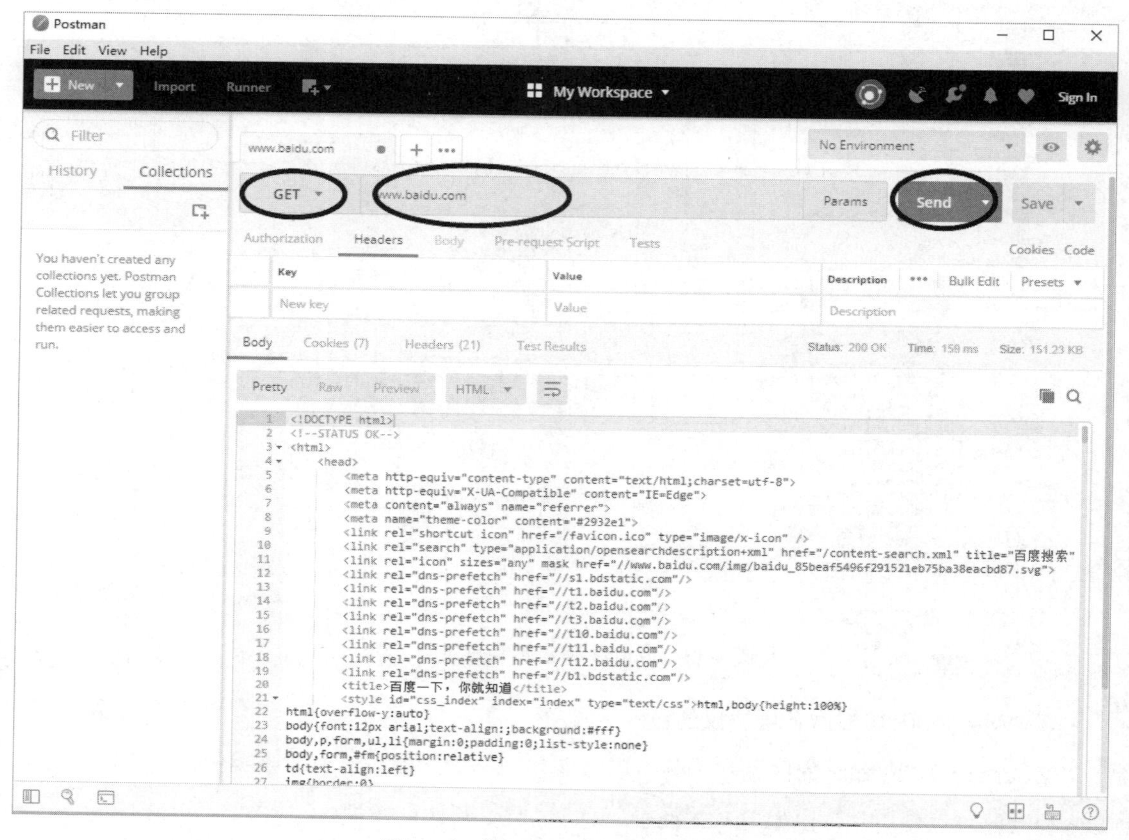

图 4-14 使用 Postman 发送数据包

2. Linux 上可以用 curl 命令发送 http 请求数据包

如果使用的是 Linux 操作系统，或者在一些测试执行环境上使用了 Linux，那么在这个环境下，可以用 curl 命令来发送 http 请求。

4.3 使用 Python 调用接口

为了使用 Python 调用接口，我们需要选择调用接口所使用的库。其中，Python 自带的 urllib 库可以做到调用，但更多情况下，我们往往选择 requests 这个库，其特点主要是使用比较方便。语法的设计也是为了让人快速学习操作。

4.3.1 使用 requests 访问 GitHub

建议使用 requests 库来处理 http 请求，这一节我们用这个库访问 GitHub 这个著名的开源软件代码托管网站。

首先在命令行中使用以下命令安装这个库。

```
pip install requests
```

如果安装失败，一般有以下几种情况：

（1）没有正确安装 Python。

（2）安装了 Python 但是没有正确设置 path 等环境变量。

解决方法：

（1）在命令行输入“python”查看进入 python 的交互模式命令行是否是 Python 3 的命令行，如果版本不对，可能需要重装或修改环境变量中的设置。

（2）尝试使用 python -m pip install requests

一般普通的 Python 都可以通过 pip 来安装第三方库，而现在的 Python 3 自带 pip。其在安装一个 Python 库时，会依次安装这个库所需要的依赖库。而有些 Python 第三方库的依赖库是由操作系统限制的，这就导致有些库可能会安装失败。比如，ansible 这个库在 Windows 操作系统下无法安装成功。

另外还有一些 Python 库会依赖于 C++ 的库，那么通过 pip 安装的时候，电脑上需要预先准备好 C++ 的编译工具。比如，locust 这个库需要 Visual C++ 14.0 的编译工具。

当安装完成 requests 库之后，就可以写第一个接口调用脚本了。

```
import requests
r=requests.get("https://github.com")
print(r.status_code)
print(r.text)
```

第一行使用 import 语句导入第三方库 reqeusts；

第二行使用 requests 库提供的 get 方法访问目标网站的网址 https://github.com；

第三行打印出了目标网站给的响应里的状态码，也就是 status_code；

第四行则是打出了目标网站给的响应中的文本。

这个脚本如果运行的话会显示打印出 200，然后是一整个 GitHub 首页的 html 文本。

4.3.2　使用 requests 构建 http 请求

要使用 requests 库来构建 http 请求，我们可以回顾一下图 4-7 所示的 http 请求报文的简单示意图。

1．构建请求行

请求行里我们需要输入的内容是：方法名和 URL。

【例 1】各种 http 方法的调用：

```
import requests
r = requests.get('https://api.github.com/events')
print(r.content)
r = requests.post('http://httpbin.org/post', data = {'key':'value'})
print(r.content)
r = requests.put('http://httpbin.org/put', data = {'key':'value'})
print(r.content)
r = requests.delete('http://httpbin.org/delete')
print(r.content)
r = requests.head('http://httpbin.org/get')
print(r.content)
r = requests.options('http://httpbin.org/get')
print(r.content)
```

这里可以看到，requests 库在引入之后，直接用“requests. 方法名”，就可以发出对应方法的 http 请求。而每个方法对应的参数，第一个参数固定是请求头里的 url，之后的参数则各有不同。

这里只有 get 方法的一个参数是实际在请求行里生效的，他会被添加到 url 里，其他的参数都是在请求体（body）或请求头（header）里生效。

【例 2】get 方法的 param 参数：

```
import requests
payload = {'key1': 'value1', 'key2': 'value2'}
r = requests.get("http://httpbin.org/get", params=payload)
print(r.url)
```

最后在屏幕显示：

```
http://httpbin.org/get?key1=value1&key2=value2
```

这就是 get 请求发出来的真正的 url。

我们也可以直接在 url 参数里这样写，如下：

```
http://httpbin.org/get?key1=value1&key2=value2
```

这样写就不需要 param 这个参数了。实际工作中，我们可以根据实际需求选择要不要使用 param 参数。

2. 构建请求体

请求体里我们需要输入的内容是：body 数据。这个数据可以是 json、字典，也可能是其他数据类型，比如一个字符串、一段 xml，现在最流行的数据类型可能就是 json 和 字典。字典我们之前学过了，那么在 Python 中 json 是什么？ json 是一种字符串，它定义的内容就是“键值对”和字典的用法相似。

【例 3】json 字符串和字典之间的类型转换，这里用了 json 标准库：

```
import json
dict_a = {"k1":"v1","k2":"v2"}

#把字典转成json字符串
x = json.dumps(dict_a)
print(x)
print(type(x))
```

```
#把json字符串转成字典
y = json.loads(x)
print(y)
print(type(y))
```

了解了 json 这个特殊的数据类型之后，我们不禁要问，怎样在 requests 的方法调用里传入呢？

答案是通过【例 1】中 requests 提供的 http 方法来传入。

【例 1】中 post 和 put 方法后，我们用 data 参数传递字典作为请求体数据。此外，还可以使用 json 参数来传递 json 字符串作为请求体数据。

这里提一下，我们怎样知道 requests 的每个方法都有哪些参数呢？

以 post 方法为例，在 PyCharm 中可以这么操作：在键盘上按住【Ctrl】键，然后用鼠标单击具体方法名 post，就会跳转到【例 4】这段代码。

【例 4】requests 中对于 post 方法的定义：

```
def post(url, data=None, json=None, **kwargs):
    r"""Sends a POST request.

    :param url: URL for the new :class:`Request` object.
    :param data: (optional) Dictionary (will be form-encoded), bytes, or file-like
object to send in the body of the :class:`Request`.
    :param json: (optional) json data to send in the body of the :class:`Request`.
    :param \*\*kwargs: Optional arguments that ``request`` takes.
    :return: :class:`Response <Response>` object
    :rtype: requests.Response
    """

    return request('post', url, data=data, json=json, **kwargs)
```

这段代码即 requests 实现 post 方法，其中的文档部分告诉我们，post 方法接受的参数有 url、data（可选）、json（可选），此外还接受 **kwargs，表示接受任意的 requests 支持的关键字参数，但是方法的注释文档上没写 requests 支持哪些关键字参数，好在我们一般也不需要用到这个参数。如果想要了解这个关键字参数的具体要求，就要查询 CN/latest/，当然文档地址有可能会有变化。如果不能访问，大家可以在搜索引擎中搜索 requests 官方文档来查看。

post 的两个可选参数 data 和 json 有以下区别。

用 data 参数发送的数据是一个字典，而 json 则是一个字符串。

那么发送数据应该是 data 还是 json？

这就要看我们要测的接口文档中的要求，也可以通过抓包来分析，或者两种方式都试试。

3. 构建请求头

在请求头里我们可以输入的内容非常多。

【例 5】一个 headers 的例子：

```
import requests
```

```
r = requests.get('http://www.qq.com')
print(r.headers)
```

运行这段程序后可以看到 qq 服务器返回的响应中的 header 内容：

```
{'Date': 'Sun, 21 Oct 2018 03:04:45 GMT', 'Content-Type': 'text/html; charset=GB2312', 'Transfer-Encoding': 'chunked', 'Connection': 'keep-alive', 'Server': 'squid/3.5.24', 'Vary': 'Accept-Encoding, Accept-Encoding, Accept-Encoding', 'Expires': 'Sun, 21 Oct 2018 03:05:46 GMT', 'Cache-Control': 'max-age=60', 'Content-Encoding': 'gzip', 'X-Cache': 'HIT from shanghai.qq.com'}
```

可以看到这里包含了 Date、 content-type、编码信息、connection 类型、服务器信息、超时时间等内容。

requests 的 headers 是一个字典的子类 <class 'requests.structures.CaseInsensitiveDict'>，我们可以在里面存放各种服务器端需要的 key 和 value。

【例 6】向 headers 请求头里存放数据：

```
url = 'https://api.github.com/some/endpoint'
headers = {'user-agent': 'my-app/0.0.1'}
r = requests.get(url, headers=headers)
```

这里放入一个 user-agent，值为 my-app/0.0.1。

在有的接口里我们会存放 username 和 password，或者 username 和 api_token（token 就是一个替代密码的令牌）。有时也会在 headers 里存放一个 auth 字典，里面包含了登录需要的用户名和密码信息。

这一部分内容较为复杂，我们在实际工作中，是以接口文档或抓取下来的包构建自己的 http 请求。也正因为实际工作中，开发人员可以自己定义想要的请求头内容和请求体内容，测试人员往往要求开发人员在提供文档的同时，再提供成功请求和响应的例子，以便在测试工作中用脚本模拟这些请求。

4.3.3　requests 中的响应

要使用 requests 来解析 http 响应，我们可以回顾一下图 4-8 所示的 http 响应报文的简单示意图。

首先，如果还不会在 PyCharm 中打断点调试程序的读者，请在网上搜索相关教程，搜索关键字为，PyCharm 断点调试。这种搜索资料的技能是 IT 相关从业人员必备的基本功，请尽快掌握。

我们在 PyCharm 里创建以下代码，并在代码左侧双击鼠标打上断点（也就是图 4-10 所示左侧的小黑点）开始调试：

【例 1】一个 get 请求的断点调试：

```
import requests
r = requests.get('https://api.github.com/events')
print(r.content) #请把断点打在这一行
```

这里可以看到如图 4-15 所示的调试的界面。

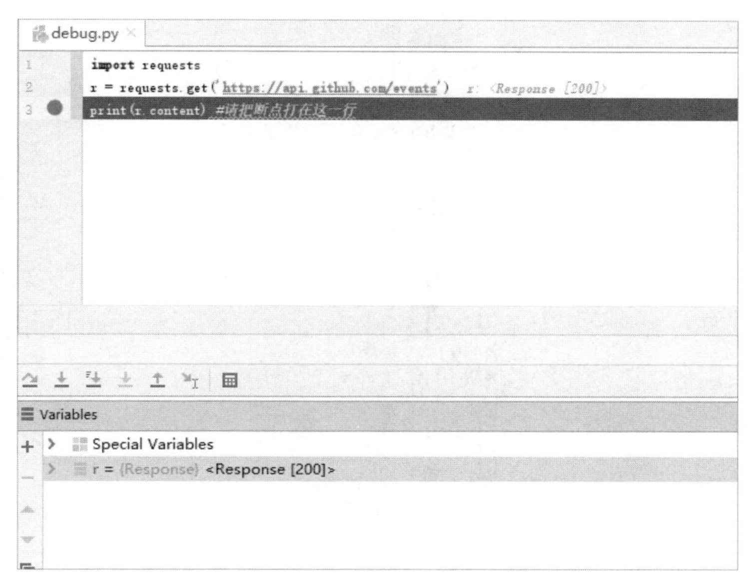

图 4-15　在 PyCharm 中打断点

单击图中的 Variables 选项区下的 r 行，我们可以看到响应 r 里包含的内容，如图 4-16 所示。

图 4-16　在 PyCharm 中使用调试器显示 http 响应内容

这里讲解一下调试器里显示的内容。

- r = {Response} 表示 r 是一个 Response 类的实例，Response 类是 requests 库里定义来表示响应的类。
- r._content 等以下画线开头的内部变量。

- r.connection 里存放了一些连接相关的内容。
- r.content 为响应主体内容，以字节 bytes 类型保存，我们把它转换成字典或字符串之后就是想要的响应数据。
- r.cookies 保存了这个响应带的 cookie，一般也没什么作用，后面我们会用 requests 的会话来管理 cookie。
- r.elapsed 这个请求的响应时间。

这里大家可能会问，怎么知道每个参数是什么意思呢？很简单，看官方文档。

那么如果对某个具体参数的官方文档内容有疑问，怎么办？可以在网上搜索，比如 requests elapsed，则可以找到很多文章来讲解这个参数的用法。

响应中有以下重要的参数：

- r.status_code：HTTP 响应里的状态码，非常重要，常用于写断言。
- r. reason：包含一个短语，如果响应失败，会告诉你失败原因。
- r. request：这个响应所对应的请求。
- r.text：响应中数据转换成的文本。
- r.url：这个响应来自哪个 url。

然后我们来看怎样解析一个响应。解析一个响应就是把响应中的数据提取出来，例如在下面的例子中，我们通过解析 GitHub 返回的响应，可以得到 GitHub 上最近发生的事件的列表。

【例 2】使用 json 库解析一个响应：

```
import requests,json
r = requests.get('https://api.github.com/events')
print(r.content)

dict_json = json.loads(r.content)
print(dict_json)
```

在这个例子里，用 json 库解析 github 返回的响应数据。

通过打断点调试，可以看到 dict_json 其实是一个列表，列表元素是字典，字典里包含了 github 的各种事件信息。

【例 3】使用 requests 库自带的 json 解析器解析响应：

```
import requests
r = requests.get('https://api.github.com/events')
print(r.json())
```

4.3.4 requests 中的会话

之前的例子中，我们都是单独调用接口或解析响应，但在实际应用场景中，我们往往会需要连续调用一些接口。比如：先登录，再做一些操作，最后退出。就像我们在浏览器中对网页做的操作一样，requests 也可以模拟这些操作的步骤。

在开始之前，我们简单了解了浏览器是怎样做到这些事情的，为什么在浏览器里访问某个网站之后，这个网站知道我们在这个刚刚登录的账号里做的后续操作呢？

这里有两个概念，一个是 cookies，一个是 session。

cookie 或者 cookies 是 Web 服务器保存在用户浏览器上的小文本文件，它可以包含相关用户的信息，比如用户名，甚至加密后的密码等信息。这样，当我们再次使用这个浏览器访问服务器时，服务器可以直接读取这些信息，而无须用户再次输入。

session 称为会话，用户通常会在服务器提供的网页之间进行跳转来访问不同的页面，服务器对一个用户创建一个 session 对象，存放在服务器端，这样服务器就知道这个用户是谁了。session 里也可以存放用户名等信息。

session 一般是会过期自动终止的，毕竟服务器端资源有限，一段时间不操作，很多网站就会自动删除用户的 session，这时如果再做操作，网站会提示重新登录。而有些网站在提示重新登录时，页面上还会显示“欢迎，某某某”的字样，因为这里的用户名很可能是存在浏览器的 cookies 里了，所以当用户重新操作时，网页还是知道用户名，毕竟 cookies 是不会自动被删除的。

cookies 是保存在客户端，所以我们是可以设置要不要保存的，不过很多网站都设置了如果不保存 cookies 将无法使用该网站。

在 requests 中，响应和请求里都有 cookies 功能。

如果某个响应中包含一些 cookie，可以快速访问它们（以下例子可以在交互模式中运行）：

```
>>> url = 'http://example.com/some/cookie/setting/url'
>>> r = requests.get(url)
>>> r.cookies['example_cookie_name']
'example_cookie_value'
```

要想发送 cookies 到服务器，可以使用 cookies 参数：

```
>>> url = 'http://httpbin.org/cookies'
>>> cookies = dict(cookies_are='working')
>>> r = requests.get(url, cookies=cookies)
>>> r.text
'{"cookies": {"cookies_are": "working"}}'
```

cookie 的返回对象为 RequestsCookieJar，它的行为和字典类似，但接口更为完整，适合跨域名跨路径使用。还可以把 Cookie Jar 传到 Requests 中：

```
>>> jar = requests.cookies.RequestsCookieJar()
>>> jar.set('tasty_cookie', 'yum', domain='httpbin.org', path='/cookies')
>>> jar.set('gross_cookie', 'blech', domain='httpbin.org', path='/elsewhere')
>>> url = 'http://httpbin.org/cookies'
>>> r = requests.get(url, cookies=jar)
>>> r.text
'{"cookies": {"tasty_cookie": "yum"}}'
```

注意，这里显示出来的 cookie 只是第一次设置的。因为这次访问的 url 和第一次设置的 path 匹配。这个例子说明同一个 RequestsCookieJar 里可以同时存放跨域名、跨路径的 cookie，服务器端可以读取出来，并判断哪个 cookie 值生效。

而在 requests 中，也有“会话”这个概念，这里只是借用了 session 这个名词，但其实和服务器端的 session 并不同。requests 是模拟客户端的工具，显然不可能用它来模拟服务端的会话。但是，我们也不想同上面 cookies 的例子一样，在一系列请求和响应之间手动传递 cookies。requests 的 session 可以把手动操作变成自动地操作。

【例题】requests 中会话的例子：

```
import requests
s = requests.Session()
s.get('http://httpbin.org/cookies/set/sessioncookie/123456789')
r = s.get("http://httpbin.org/cookies")
print(r.text)
```

这个例子中：第二行创建了一个 requests 会话，第三行使用 get 访问了一个网址，这个 get 请求使服务器端创建了一个 session 对象，这个网址的作用是把服务端的 session 内容返回给用户。第四行使用 get 访问了另一个网址，服务器则返回了一个 json 数据："sessioncookie":"123456789"。这个数据恰恰是第三行的返回值，说明服务器端正确地记录了我们的数据。

我们来做一个小练习加深一下印象。

（1）打断点观察【例题】中的第三行给出的响应内容（你可以在第三行前加一个“r =”，然后断点观察 r 的值）。

（2）去掉【例题】中的第三行，观察并运行【例题】的变化结果。

利用这个会话功能，我们可以做很多事情。比如，用 requests 登录一个网站，在网站上做一些操作，抓取一些数据，然后退出。可以说，我们以前用 selenium 之类的基于图形界面的自动化库，很多都可以通过接口来操作。因此，也可以用 requests 库写简单的网络爬虫程序。

第 5 章

测试执行器

测试执行器指的是用来执行自动化测试的工具。最常见的测试执行器本身就是一些单元测试框架，比如 unittest、junit 等。学习测试执行器，主要是为了后续构建自动化测试框架时使用。每一个自动化测试框架，都需要运行测试用例，而运行测试用例就要用到开源的或者自己研发的测试执行器了。

5.1 测试执行器是什么

这里给大家介绍一下测试执行器的用途和简单的发展过程、作用以及分类。了解这些，有助于我们后续在搭建自动化框架时选择合适的执行器。

5.1.1 初识测试执行器

软件测试最开始是没有测试执行器的，那时自动化测试的形式如图 5-1 所示。

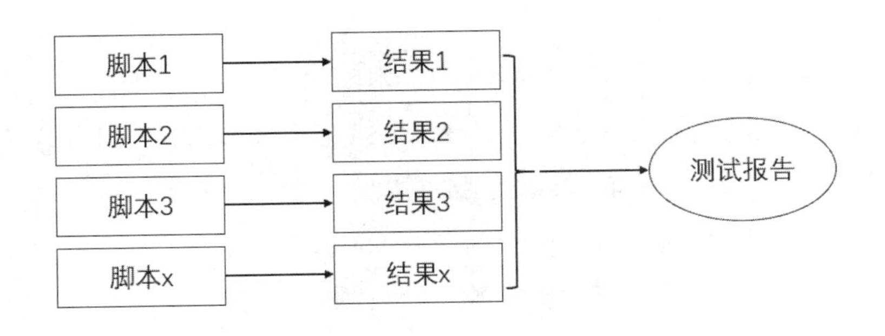

图 5-1 不使用测试执行器的自动化测试示意图

这种形式有以下问题：

（1）测试运行比较麻烦，因为有很多个脚本，需要一个一个去执行。

（2）测试报告的生成比较麻烦，因为会产生很多个测试结果 1、2、3、4……需要把单个的测试结果汇总成一个总的测试结果，才能得到测试报告。

（3）测试用例的结构调整很麻烦，比如第一次冒烟测试要执行脚本 1、2、3，第二轮测试要执行脚本 1、2、5、6、7、9，第三轮要跑脚本 1、4、6、7、8。此时对执行脚本的人员来说是一个挑战，当有些用例需要频繁重复执行，有些需要偶尔重新操作时，我们很难调整测试用例的结构。

于是，很快就有人开发出了测试执行器，测试执行器被称为 Xunit 系列，这个系列的家族成员有 junit、Cunit、Nunit、Cppunit 等，其他常见的如 TestNg、ruby testunit、python unittest 等也都可以看作是 Xunit 系列的。那么 Xunit 有什么作用呢？引入了 Xunit 测试执行器之后，自动化测试成为图 5-2 所示的形式。

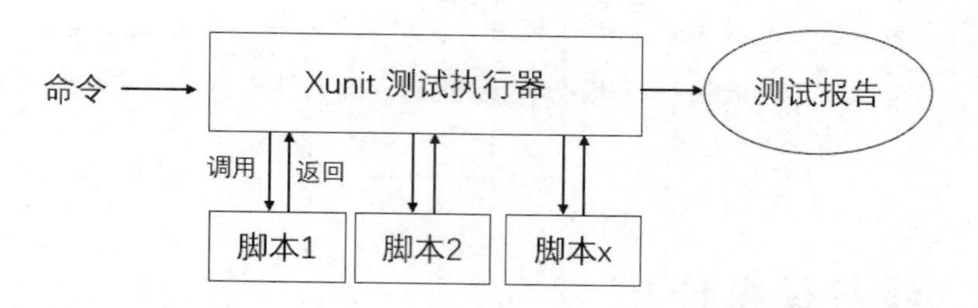

图 5-2　使用 Xunit 系列的测试执行器后的自动化测试示意图

当用户给 Xunit 一个命令，比如："我要执行脚本 1、2、3"，然后用户就可以等待得出结果了。

Xunit 会按照一定规则去寻找测试脚本，然后执行脚本，并记录对应脚本的执行时间、执行结果、出错日志等信息，并且返回一个汇总的测试结果。这样就解决了之前的三个问题。

（1）测试执行有了统一入口。

（2）测试报告能自动生成。

（3）通过给 Xunit 不同命令来决定执行不同脚本。

这里值得一提的是，最初大部分测试执行器都是类似于 Xunit 的形式来操作的，后来有一些新的框架工具开发出来，也就有了其他类型的测试执行器，比如：

（1）关键字驱动类型的测试执行器，代表为 robot framework。

除了 Xunit 以外，只有关键字驱动型的测试执行器使用最为广泛。另外，robot 的框架设计有很多值得借鉴的优点。比如 robot 中的等待功能，是设计得非常适用的，相比 selenium 里令人困惑的显式等待和隐式等待，robot 提供了更为普适的等待方法。robot 的数据驱动模板，也是一种不错的数据驱动形式。

（2）业务驱动类型的测试执行器，代表为 cucumber。

这种类型的特点是，有一层伪代码。伪代码试图用接近自然语言的方式来描述测试用例，但实际上，却根本没有接近自然语言。cucumber 的伪代码标志性的 given when then 根本不符合一般人说英语的习惯。然后 cucumber 使用正则表达式来翻译这些伪代码中的关键字，找到代码中对这些关键字定义的方法，来执行伪代码想要执行的真正代码。然而，大多数人并不熟悉伪代码的编写形式。只有在一些重视业务的项目中，会使用这种工具。

（3）小众的测试执行器，比如用 wiki 页面来驱动的测试执行器 fitness 等。

（4）商业工具自带的测试执行器，比如 QTP（后更名为 UTF）自带的测试执行器。

5.1.2　测试执行器的调度作用

测试执行器在整个测试框架里起一个调度的作用。它负责执行用例和得出报告，而用例里的测试逻辑实现依赖于特定的测试所需要的特定的库。测试执行器改变测试执行的顺序和执行逻辑如图 5-3 所示。

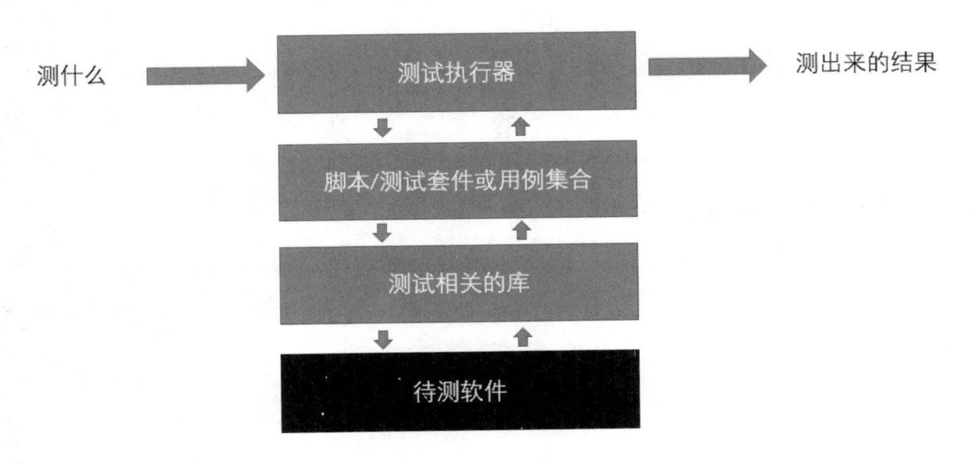

图 5-3　测试执行器的调度作用

如果我们不用任何测试执行器，而用 Python 语言写出来的测试脚本，就是一个又一个普通的脚本文件，其执行顺序是从上往下。

（1）默认执行程序就是从上往下。

（2）有些脚本中会有“if __name__ == '__main__':”这样一行字，表示要从这行开始从上往下执行。

（3）Python 的类可没有 Java 的那种 main 函数。

而大多数的测试执行器普遍引入了自己独特的执行顺序，为了让我们理解它的执行顺序，这些测试执行器往往会给测试脚本的各个组成部分定义一些名称如图 5-4 所示。

比如最常见的有：TestSuite - TestCase - TestMethod。

像这样：如图 5-4 所示的左边是测试套件，测试套件里包含很多测试用例，测试用例里又包含很多测试方法。

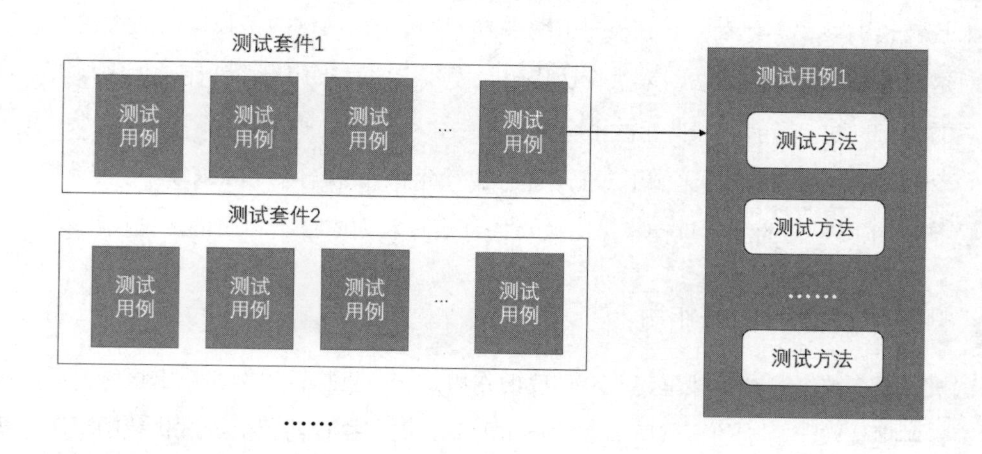

图 5-4　测试套件、测试用例、测试方法的关系

- TestMethod：测试方法。

这是真正定义测试业务逻辑的地方。有些测试执行器会对测试方法的命名有一些要求，比如以“test” 开头的方法名。也有一些测试执行器用标签的形式表示，比如在方法名上用@testxxx 之类的形式来表示这是一个测试方法。

假设我们要测试一个在线购物网站，那么测试方法的名字可能是：test_ 登录成功、test_ 登录失败、test_ 把商品加入购物车、test_ 清空购物车等。（注意实际脚本中一般不用中文测试方法名，这里只是为了介绍一下）

- TestCase：测试用例。

这个级别比测试方法高。有些测试执行器对测试用例也会有命名要求和规范。比如有些测试执行器，会要求测试用例必须写成一个类，而且这个类要继承执行器提供的一个基类。也有一些执行器会限制得比较宽松，比如没有命名要求。

还是在线购物网站的例子，那么可能会是：

（1）用例 1_ 测试登录退出。

（2）用例 2_ 测试购物车功能。

然后在这些用例里分别放入对应的测试方法。

值得一提的是，测试用例写得大还是写得小的粒度，就像写作文分段落一样，不同的人会有不同的习惯。所以以用例数量论英雄是很不靠谱的，可能 A 公司的 1 条测试用例相当于 B 公司的 10 条测试用例。

- TestSuite：测试套件。

这个指的是一组测试用例。有人会说为什么要有测试套件，我就直接用测试用例不就行了？因为，测试用例有时候需要分组，分组后就可以每次使用时按需要执行测试用例。

举个例子，有一个软件，里面有八个模块，今天的新版本只在第八个模块上做了一个小改动，那么可能只执行第八个模块的十几个测试用例。如果这些测试用例碰巧在一个套件里，那么只要运行这一个套件就可以了。

也有一些测试执行器会淡化测试套件的概念（测试套件的概念在很多 Java 系的执行器里至关重要）。怎样淡化呢，比如通过分组标签功能来做到这一点，用户在自己的测试用例里打上不同标签，要执行的时候可以按照标签来执行。比如，我们给一堆属于不同套件的测试用例打上“回归测试”“冒烟测试”之类的标签，也可以打上作者标签，比如“team_1”“陨石小队”亦或者模块名的标签，如“管理后台模块”“登录模块”，然后在执行的时候，可以自由组合不同的标签来个性化定制这次执行要用到的。

由此，测试执行器的引入，使得测试执行由按顺序执行的文件形式，改成了以套件、用例、方法的形式来执行。

不同的测试执行器在执行测试套件、用例、方法时的顺序也有几种做法。

1. 随机

第一个流派就是随机流派。很多新人的脚本执行不通就是因为在第一个测试用例里做了登录，测试用例 case 里做了业务逻辑，结果测试执行器随机执行，先跑了第二个测试用例。

随机是有其特殊意义的，它的设计思路的大前提是：所有测试用例或者测试方法，同一级别的内容之间是互相独立的。也就是说，你的几百个测试用例之间都是没有互相依赖的，不存在必须第一个执行完才能执行第二个。如果存在，说明你用法错了。比如前面说过的登录操作，按照随机流的测试执行器的设计思路，每个需要登录的执行测试里都要自己调用一下登录步骤。

这种流派的应用是最广泛的，因为测试执行器的另一个名字叫作单元测试框架，这些测试执行器最初被设计的时候用于执行单元测试，而单元测试往往是互相没有依赖的。

2. 按名字顺序

有一些执行器并不是随机执行的，而是很单纯地按照命名的字母顺序执行用例或方法。也有一些看似是按名字顺序，但实际是随机的，或者用例是按名字顺序执行，方法按随机顺序。这种就请大家注意分辨，最好还是实现出互相不依赖的用例，因为互相之间不依赖的用例好处有很多，以后可以通过修改测试执行器等方式，来实现并行或者分布式执行测试用例，大大提高测试执行效率。

5.2　使用 unittest 和 pytest

Python 语言下常见的测试执行器包括 unittest、pytest、nose2、robotframework 等，本节我们介绍一下 unittest，然后重点学习 pytest，这两种测试执行器已经可以应付大家日常工作的基本需求了。而 robotframework 适合较大的项目，因为采用了关键字驱动而属于独具一格的测试执行器。nose2 和 pytest 主要功能各有千秋，一般我们只掌握一种就够了。

5.2.1 使用 unittest

unittest 库是 Python 标准库之一，它属于 Xunit 系列，unittest 中借鉴了很多 Xunit 的概念，这些概念在主流的测试执行器中大多可以通用。

搜索 unittest 的文档，以便在需要时可以方便查阅。

首先，我们打开浏览器，使用百度等搜索引擎，搜索关键字：Python unittest 文档。

这样我们可以直接找到其英文文档。

如果需要中文文档，则在搜索关键字里加上中文。

【例题】一个最基础的 unittest 例子：

```
import unittest

class TestStringMethods(unittest.TestCase):
    def test_upper(self):
        self.assertEqual('foo'.upper(), 'FOO')

    def test_isupper(self):
        self.assertTrue('FOO'.isupper())
        self.assertFalse('Foo'.isupper())

    def test_split(self):
        s = 'hello world'
        self.assertEqual(s.split(), ['hello', 'world'])
        # check that s.split fails when the separator is not a string
        with self.assertRaises(TypeError):
            s.split(2)

if __name__ == '__main__':
    unittest.main()
```

我们来看一下【例题】的代码含义：

第 1 行 import 了 unittest 这个库。

第 2 行 定义了一个测试用例的类 TestStringMethods，注意它继承了 unittest 的 TestCase 类。这是因为 unittest 只会在 Test Case 类的子类里寻找要执行的测试方法。

第 3 ～ 4 行定义了第一个测试方法，test_upper 命名以 test 开头，是因为 unittest 规定了只会执行以 test 开头的方法，这些也就是它要执行的测试方法。

后面几行分别定义了 test_isupper 和 test_split 两个测试方法。

最后两行 if 开头的是 Python 脚本的执行入口，通过 unittest.main() 来调用 unittest 的测试执行模块并开始执行测试。

然后看一下测试方法里的内容：

```
self.assertEqual('foo'.upper(), 'FOO')
```

这一行的 assertEqual 是判断后面的两个对象是否相等，注意前面的 self. 表示这是当前这个 TestCase 类里定义的方法。我们自己写的测试用例里没有包含 assertEqual 的定义，那么它必然来自父类 unittest.TestCase。同理，后面的 assertTrue、assertFalse，顾名思义就是判断后面的表达式是否为 True 和为 False 了。

下面这两行代码的意思比较难懂。

```
        with self.assertRaises(TypeError):
            s.split(2)
```

这里用的 with 表达式，我们在文件读写那一章里讲过。这里也是除了文件读写之外第二个用到 with 的地方。意思是在执行 s.split(2) 这句话时应该抛出 TypeError 的异常，然后这句话就在验证这个 TypeError 有没有被抛出来。

值得一提的是，这些复杂的断言（assertXXX），大多是用来做单元测试的。

只有在单元测试里我们才会需要去判断一个业务逻辑方法有没有按照预期抛出异常。而当用 unittest 写接口测试、图形界面测试等其他内容时，基本用不到这些。

我们希望从逻辑上把代码或脚本尽量设计得更简单一些。不需要十多种断言，只要一种更通用、更简单的断言即可，代码如下：

```
assert 1+1 == 3, " 1+2 not equal 3"
```

这里 assert 不需要带 self，因为它不是 unittest 的 TestCase 所独有的，而是 Python 直接内置的特殊的函数，同时调用 assert 也不需要带括号。上面这一行例子用逗号隔开了两个参数，第一个参数是要判断是否为 True 的表达式，第二个参数是当第一个参数的表达式判断为 False 时，给用户的错误提示。

比如上面这行执行时会报如下错误：

```
Traceback (most recent call last):
  File "5.2.1.py", line 17, in test_split          # 这一行会告诉你出错在哪个文件哪个方法第
几行
    assert 1+1 == 3, " 1+2 not equal 3"            # 这一行会把出错的那一行打出来
AssertionError:  1+2 not equal 3                   # 这一行是我们自己写的出错信息
```

这里我们写的“1+2 not equal 3”这条出错信息在断言不通过时会完整打印出来，此外，我们还可以加一些变量进这个信息里，比如下面这个例子里，出错提示里带了要判断的变量的值。

```
a=2
assert a==3,"a should be {} but actually {}".format("3",a)
```

这样一个断言在出错时，会有以下提示：

```
Traceback (most recent call last):
  File "5.2.1.py", line 19, in test_split
    assert a==3,"a should be {} but actually {}".format("3",a)
AssertionError: a should be 3 but actually 2
```

执行一个 unittest 的测试用例，有以下两种方法：

1. 命令行形式运行

我们把这个例子保存在一个名为 test_case.py 的文件里后，在命令行运行代码如下：

```
python test_case.py
```

得到如下输出：

```
...
----------------------------------------------------------------------
Ran 3 tests in 0.001s

OK
```

以上，3 个小圆点"…"表示执行的 3 个测试的结果都是 pass，如果失败了，不会显示小圆点，而会显示表示错误的字母。这种以命令行形式来运行测试的方法，比较常用是我们在持续集成系统里使用自动化测试脚本时需要用到的方法。

2. 在 IDE 里运行

直接在 PyCharm 里右击在弹出的菜单中，选择 Run unittest in xxx.py 命令来运行。

这种 IDE 里运行测试的方法，是在写测试或调试测试脚本时使用的。

- 以 IDE 和 命令行形式 分别运行例 1, 并观察其输出结果。

然后修改例 1，使其失败，再次运行，并观察其输出结果的变化。

再次修改例 1，使用更常用的 assert 断言。

5.2.2 初识 pytest

相对于 unittest 来说，pytest 是一个更加成熟的测试执行器，它的使用比较广泛，并且在测试报告、测试数据驱动等方面都比 unittest 更方便使用。这个库是一个第三方库，严格来说，它的设计思路不属于 xUnit 系列。但它使用方便，同时又兼容 unittest 的测试用例。用 unittest 执行器写的测试脚本可以在 pytest 执行器上执行。

这种兼容性的设计，在测试执行器的设计思路层面上很普遍。举个例子，几乎所有测试执行器，都兼容 junit 的测试报告，它们都可以输出一种 最初由 junit 提供的 xml 测试报告（有些测试执行器是自带这个功能，有些是用插件实现这个功能）。兼容现有工具，有利于新工具的推广，因此各种比较知名的测试执行器从设计上就会考虑后续兼容性的使用。

言归正传，接下来介绍测试执行器的几个重点功能，以及我们怎样使用 pytest 里的这些功能。

1．安装 pytest：

和其他 Python 库一样我们使用 pip install pytest 来安装 pytest。

2．官方文档的使用：

准备及会使用官方文档，以便遇到问题时可以查阅。

5.2.3　pytest 的测试用例命名规范

首先我们从 pytest 的测试用例的命名规范开始，pytest 测试用例的定义较 unittest 做了简化。

1. 类名规范取消，不用继承任何类

在 5.2.2 节的例子中，我们使用 unittest 执行器时，需要把测试代码写在类里，这个类还必须继承 unittest.TestCase。比如：class TestStringMethods(unittest.TestCase)。只有继承了 unittest.TestCase 这个类，unittest 才能找到这个类里我们写的测试方法。

而 pytest 执行器里，不再强制要求把测试代码写在类里，也不需要继承任何类。取而代之的是让 pytest 通过使用文件名规范来找到写的测试方法的文件。

2. 文件名以 test_ 开头，注意带下画线

【例题】一个 pytest 的例子 test_simple.py（注意文件名以 test_ 开头）

```
import pytest

def inc(x):
    return x + 1

def test_answer():
    assert inc(3) == 5

if __name__ == '__main__':
    pytest.main()
```

我们一起来讲解一下这个例子：

首先第一行，导入 pytest 库。

第 2 ～ 3 行，定义一个 inc 方法，这个方法会把传入参数加 1，再返回。

第 4 ～ 5 行，定义一个 test 方法，这个操作和 unittest 一样，测试方法名要以 test 开头。

第 6 ～ 7 行，定义程序的入口，这两行可以省略。

5.2.4 pytest 的断言

官方文档中告诉我们，pytest 的断言里只要用 assert 就行，不需要使用 self.assertXXXX。pytest 会显示这样 的错误信息给我们，以下为 5.2.3 节例 1 的运行结果：

```
============================ test session starts =============================
platform win32 -- Python 3.7.4, pytest-5.0.1, py-1.8.0, pluggy-0.12.0
rootdir: C:\Users\colin.zt\Desktop\pro\TUGithubAPI\scripts
collected 1 item

test_simple.py    F                                                      [100%]

=================================FAILURES==================================
_________________________________test_answer________________________________

    def test_answer():
>       assert inc(3) == 5
E       assert 4 == 5
E        +  where 4 = inc(3)

test_simple.py:7: AssertionError
========================= 1 failed in 0.06 seconds ===========================
```

我们在介绍 unittest 时用过的自定义更详细的错误信息的方法，在这里仍然适用，pytest 也会在测试结果里标出 assert 后的自定义错误信息。

5.2.5 前置条件 setup 和后置条件 teardown

所谓 setup 和 teardown，也是 xUnit 系列测试执行器中的概念。比如，假设我们有 3 个测试方法，都是操作在线购物网站中购物车的测试，它们有一个共同的前提条件，就是用户需要先登录。那么通常在 xUnit 系列的测试执行器中，我们的测试脚本会这样写：把登录操作写在 setup 里，把退出操作写在 teardown 里，而把登录和退出之间的动作写在各个测试用例里。另外，setup 和 teardown 也分级别，可以是针对测试套件的，也可以是针对测试用例或是测试方法的。

当 xUnit 系列的测试执行器执行一个测试套件时，其顺序是：

套件的 setup → case1 的 setup → case1 的测试方法 → case1 的 teardown → case2 的 setup → case2 的测试方法→ case2 的 teardown → case3 的 setup → case3 的测试方法→ case3 的 teardown →套件的 teardown。

在 pytest 中，也支持上述的传统 setup 和 teardown，感兴趣的读者可以看官方文档来了解。但更推荐的做法是使用 pytest 的 fixture 来实现的 setup 和 teardown。

5.2.6　使用预处理对象 fixture 实现 setup 与 teardown

fixture 是什么？我们可以理解成 fixture 是提供给测试方法用的提前准备好的对象。

举个例子，我们做网页测试，需要先打开一个浏览器，后续所有操作都是在这个浏览器上进行的。fixture 能做的就是给我们的每个测试方法，都准备一个浏览器对象。

同样，我们做一些测试时，需要先读取一个 Excel 表格，然后所有测试方法，都需要用到这个表格里的某些数据，那么 fixture 能做的就是给每个测试方法，都准备好一个已经读取完毕的 Excel 表格对象。

我们一起来看一个官网的例子。

【例 1】官网中 fixture 例子：

```
# conftest.py 的内容
import pytest
import smtplib

@pytest.fixture(scope="module")
def smtp_connection():
    return smtplib.SMTP("smtp.gmail.com", 587, timeout=5)


# test_module.py 的内容

def test_ehlo(smtp_connection):
    response, msg = smtp_connection.ehlo()
    assert response == 250
    assert b"smtp.gmail.com" in msg
    assert 0  # for demo purposes

def test_noop(smtp_connection):
    response, msg = smtp_connection.noop()
    assert response == 250
    assert 0  # for demo purposes
```

这个例子里涉及 conftest.py 和 test_module.py 两个文件。

在 conftest.py 中，定义一个 smtp_connection 方法，这个方法使用 smtplib 这个库去建立了一个 gmail 的链接，代码有两行。

```
def smtp_connection():
    return smtplib.SMTP("smtp.gmail.com", 587, timeout=5)
```

而 @pytest.fixture(scope="module") 这一行表示后面紧跟的 smtp_connection 方法是一个 fixutre，并且范围是整个 module。范围是 module，则表示这个 fixture 在每个 module 只会运行一次。在这里，module 的 概念和测试套件差不多。本例中，整个 module 也就只有两个测试方法。也就是说：这个 smtp_connection 方法在这次整个测试中只会被执行一次。换句话说，它就相当于是 整个测试套件的 setup 方法了。

在 test_module.py 中，定义了两个测试方法，这两个测试方法的共同点是，传入参数里都有 smtp_connection。没错，这里的 smtp_connection 就是 conftest 中的 smtp_connection 的返回值。

我们看一下【例 1】的整个测试执行过程：

（1）pytest 先找到所有 test_ 开头的文件，称为测试脚本文件。

（2）在测试脚本文件同一级目录下寻找 conftest.py，称为测试配置文件。

（3）按随机顺序执行测试脚本文件中的测试方法。

（4）执行第一个测试方法，发现有一个传入参数 smtp_connection，在测试配置文件中寻找名为 smtp_connection 的 fixture。

（5）执行测试配置文件中的 smtp_connection 方法，保存返回值。

（6）把上一步的返回值代入第 4 步的测试方法传入参数中，执行第一个测试方法。

（7）执行第二个测试方法，发现有一个传入参数 smtp_connection，在测试配置文件中寻找名为 smtp_connection 的 fixture。

（8）发现这个 fixture 的范围是 module，无须重复执行，使用第 5 步的返回值继续执行第 7 步的第二个测试方法。

理解了上述流程，我们发现，fixture 其实就相当于是 setup 方法，并且更灵活。

通过修改 fixture 的 scope（它的值可以是 module、class 或 function）我们可以给每个方法、每个类定制不同的 fixture。同样，fixture 其实也可以定义 teardown 方法。

【例 2】在官网例子上增加 teardown：

```
@pytest.fixture(scope="module")
def smtp_connection():
    yield smtplib.SMTP("smtp.gmail.com", 587, timeout=5)
    print(" 我就是 teardown，我在测试方法结束后运行 ")
```

这个例子中，第四行的 return 改成 yield。而第五行开始的内容就会在测试方法执行结束后运行了。相当于是实现了 teardown。

下面再一起看个新的例子。

【例 3】一个用 fixture 实现测试方法级别的 setup 和 teardown 的例子：

```
#conftest.py 的内容
import pytest

@pytest.fixture(scope="function",autouse=True)
def foo():
    print(" function setup")
    yield 100
    print(" function teardown")


# test_526.py 的内容
import pytest


def inc(x):
    return x + 1
```

```
def test_answer_1():
    assert inc(3) == 5


def test_answer_2(foo):
    print(foo)
    assert inc(98) == foo


if __name__ == '__main__':
    pytest.main()
```

在文件 conftest.py 里：

第 2 行，使用了装饰器 pytest.fixture，这个装饰器自带的参数值表示这个 fixture 的生效范围是方法级（scope="function"），也就是说每个方法之前之后都会运行它。并且会自动使用（autouse=True），这个自动使用为真时，我们在测试方法的传入参数表里可以省略这 fixture 这个方法名。当然，如果在传入参数里省略了 foo，那么就无法使用 foo 的返回值。所以一般要自动使用的 fixture 都是没有返回值的。

第 3 ～ 6 行定义这个 fixture foo，并且返回值固定为 100。返回值使用 yield 来返回，这样 yield 后的语句会在 测试方法执行后被执行。

运行这个例子的结果如下：

```
rootdir: C:\example\\example5.2.6, inifile:
collected 2 items

test_526.py FF                                                          [100%]

============================ FAILURES =====================================
________________________________test_answer_1_______________________________

    def test_answer_1():
>       assert inc(3) == 5
E       assert 4 == 5
E        +  where 4 = inc(3)

test_526.py:9: AssertionError
---------------------------- Captured stdout setup ----------------------------
 function setup
-------------------------- Captured stdout teardown ---------------------------
 function teardown
________________________________ test_answer_2 ________________________________

foo = 100

    def test_answer_2(foo):
        print(foo)
>       assert inc(98) == foo
E       assert 99 == 100
E        +  where 99 = inc(98)

test_526.py:14: AssertionError
---------------------------- Captured stdout setup ----------------------------
 function setup
---------------------------- Captured stdout call -----------------------------
100
-------------------------- Captured stdout teardown ---------------------------
```

```
function teardown
========================== 2 failed in 0.08 seconds ===========================
```

其中需要说明的是：Captured stdout setup 和 Captured stdout teardown 这两部分是 pytest 抓取的 setup 和 teardown 部分的日志，其内容是我们在 foo 方法里输出的内容。可以看到上述结果中，共抓到了两次 setup 和两次 teardown，这是因为 foo 方法的范围是 function，而我们有两个测试方法。因此每个测试方法前后都会执行 foo 方法的对应语句。

另外，def test_answer_1(): 这个方法里没有显式传入参数 foo，但因为 foo 的 autouse = True，所以 test_answer_1 方法执行前后也会执行 foo 方法。

而 def test_answer_2(foo): 里显式传入了参数 foo，那么除了执行 foo 方法以外，传输参数 foo 还会带有 foo 方法的返回值，即 100。

5.2.7 运行 pytest

1. 命令行模式下运行

运行 pytest 非常简单，在命令行模式下，我们进入存放测试脚本文件和测试配置文件的那一级目录，然后使用命令 pytest 即可。同时 pytest 命令行下也可以包含一些参数。下一节介绍测试用例分组时将会进行详细说明。

2. IDE 里运行

在 pycharm 里直接右键运行即可，在文件夹、文件、具体方法上点击右键可以分别运行整个文件夹里的测试方法、整个文件里的测试方法或者是某一个单独的测试方法。

5.2.8 pytest 下测试用例的分组

1. 使用标签分组

【例题】一个标签分组的例子：

```
import pytest
@pytest.mark.webtest
def test_send_http():
    pass # perform some webtest test for your app
def test_something_quick():
    pass
def test_another():
    pass

class TestClass(object):
    def test_method(self):
        pass
```

以上代码，注意第二行 @pytest.mark.webtest，给 test_send_http 这个方法设置 webtest 标签。那么，在命令行就可以用 pytest -v -m webtest 来单独运行这个方法。有意思的是，pytest 还可以使用这个方法以外的其他方法，使用下面的命令即可：

```
pytest -v -m "not webtest"
```

2. 使用类名方法名来单独调用一些测试方法

同样是上面的例子，可以用这些命令来单独调用一些测试。

- pytest -v test_server.py::TestClass：这个命令将只会执行 test_server.py 的 TestClass 这个类里的所有方法。
- pytest -v test_server.py::TestClass::test_method：这个命令则指定到了具体的某一个测试方法。
- pytest -v test_server.py::TestClass test_server.py::test_send_http：也可以指定多个测试方法。

其他还有很多种方式，但一般情况下我们用这些就足够了。如果有需要了解其他选择测试用例方式，请查阅官方文档。

5.2.9　pytest 下测试报告的生成

pytest 默认报告只在命令行输出，非常简单，但它其实有内置 junit 的 XML 报告，使用 pytest --junitxml=path 这样的命令可以自己指定把 junit 的 xml 报告生成在指定路径下，比如：

```
pytest --junitxml=report/report.xml
```

使用 xml 报告的好处是，这是一种标准化的报告，在 Jenkins 等持续集成工具上，往往有现成插件可以把报告的格式从 xml 转换成 html。

而如果需要更美观的 HTML 报告，则可以安装 pytest-html 库：

```
pip install pytest-html
```

然后 使用下面的命令就可指定 HTML 报告的生成路径：

```
pytest --html=path
```

使用 pytest 运行前几节中讲解的任意一个例子，并生成 HTML 报告。

第 6 章

接口测试框架搭建实战

6.1 接口测试的测试理论

测试理论部分主要介绍了接口测试要做的工作有哪些，采用何种策略，如何操作，以及接口测试的测试用例如何设计等问题。

6.1.1 软件测试的基本问题

在一个典型的测试项目中，我们拿到一个软件系统，要做系统测试。这个系统有可能有测试文档，也有可能没有。有时候，即使有测试文档也可能不完整或没有及时更新。当拿到这个测试任务时，作为测试人员首先要考虑以下几个基本问题。

（1）为什么要对这个系统进行测试，你想在测试中发现什么？（测试目标问题）

（2）如何组织你的工作以实现目标？（测试策略问题）

（3）怎样知道系统在测试中最终是通过还是不通过？（测试依据问题）

（4）如何对这个系统进行穷尽的测试？（测试的无穷性问题）

（5）如果不能做穷尽的测试，那么要测试多少才够？（测试完整性度量问题）

6.1.2 软件测试的目标

软件测试的目标有很多，以下是软件测试可能用到的一些目标。

（1）找到重要的 bug，使它们得到修复。

（2）评估产品的质量。

（3）对是否发布产品的决策提供帮助。

（4）阻止不成熟的产品被发布。

（5）对预测和控制产品的支持成本提供帮助。

（6）监测待测产品和其他产品的交互性。

（7）解释如何安全地使用产品。

（8）评估产品与实际需求的一致性。

（9）证明产品符合某个特定的标准（如国际标准、国家标准等）。

（10）确保测试的过程符合问责制标准。

（11）减少产品可能引起的安全方面的诉讼风险。

（12）帮助客户提高产品的质量和可测试性。

（13）帮助客户改进他们的流程。

（14）作为第三方检测产品。

注意，我们在做实际项目时，每个项目的目标都要根据实际情况分析，并且在分析后，排列各个目标的优先级。这些目标和它们的优先级决定了测试策略。测试策略的意思就是指如何实现测试目标。接口测试，正是测试策略的一种，并不是任何项目都需要做接口测试，当我们的项目有以下目标时，往往考虑使用接口测试。

- 要快速验证功能的正确性并且需要反复迭代。
- 要验证基于软件即服务的架构开发的项目。

前者，基本适用于现代的大多数项目，目前业内大多数项目采用迭代开发模式，并且往往每个迭代的时间都很紧张。测试过的功能又需要反复做回归测试。那么为了快速做回归测试，我们往往会决定进行接口测试。同时，在辅以一些其他测试策略，比如手工测试或基于图形界面的自动化测试。

具体来说，我们可以这样安排，在软件的第一个迭代期内，通过手工测试快速确保这个迭代的功能。同时挤出时间对其中部分功能做接口测试自动化的脚本编写。并在下个迭代中使用这些脚本做回归测试。然后每个迭代都增加新的自动化脚本并维护原有的脚本，逐步形成一个完整的测试用例集。

后者，当待测软件使用诸如 SOA、微服务等概念或架构开发时，可能一个大项目要分为几个小模块，其中有些模块的产物就是一些接口。那么对这些模块测试时，也会做接口测试。

另外，我们还要考虑什么情况下不用做接口测试。

- 当待测软件的主要功能均在客户端完成时，比如单机软件、单机游戏等。此时不涉及接口测试。

- 当待测软件用到的服务均由第三方提供时，比如测试一些第三方气象软件。气象数据的服务往往由气象台发布。此时即使做了接口测试也是与待测软件无关的。

值得注意的是，现在大多数软件都不是单机软件，因此大多数项目都需要做接口测试。但在软件测试行业中，确实存在一些小众领域，可能用不到接口测试。比如，门店软件测试、Pos 机软件测试、车载软件测试、设计工具软件测试，等等。

在选择工作岗位时，我们需要注意，小众意味着跳槽困难，建议新人尽量应聘一些大众化的岗位。此外，也有一些软件虽然需要接口测试，但会让专人去做，而这些软件也会让专人去做测试，因此这些公司不需要测接口的客户端软件测试岗位，很多手机 App 项目里存在这种模式。

6.1.3　接口测试的策略

我们基于项目的实际情况分析要做接口测试时，就要考虑接口测试的策略，也就是怎样做接口测试。常见的做法有以下三种。

（1）使用 jmeter、postman、soapUI 等基于图形界面的工具操作。

（2）使用编程语言编写自动化测试平台操作。

（3）使用编程语言编写接口测试框架加脚本操作。

这三种策略各自有以下优势。

（1）使用基于图形界面的工具，好处主要是对测试人员的水平要求低和上手实操速度快，缺点是可维护性差。因为要求低，如果选用这种策略，可以尽量用较低的薪酬去招人，压低项目成本。

（2）使用自动化测试平台则成本较高，得出成果较慢。这种做法对测试人员的技术要求是最高的。因此需要付出较高的薪酬。当然，如果在较大的公司，使用自动化测试平台是很好的有发展性的做法。

（3）使用接口测试框架加脚本，对测试人员的技术要求适中，相信通过对本书的学习，大家都可以达到这个要求。这个做法的核心在于其使用的接口测试框架。本书中所讲的框架就可以作为一个接口测试框架的模板，根据实际情况，大家可以对这个框架做修改，以适应自己的项目。

选定接口测试的主要策略之后，要根据实际项目要求来决定具体的策略细节了。比如，笔者曾经做过的一个广告接口的项目，全部都是单个接口调用。那么测试时，只要对单个接口做调用即可。而另一个在线电影网站的项目中，接口不但要单独调用做测试，还需要模拟用户场景做一些接口的串联调用。也就是用第一个接口返回数据里的一些值作为第二个接口的输入参数。这样来模拟用户一些场景，一个复杂的场景可能要调用十几个接口。在这里简单总结一下。

- 对单个接口的测试。
- 对多个接口库串联成的场景的测试。

6.1.4 接口测试的依据

测试的依据是指我们判断一个问题是不是 bug，同时，也指我们判断一个迭代的测试有没有通过。

先说判断一个问题是不是 bug 的依据。作为测试人员，我们不仅仅是把所有问题都找出汇报上去就完成任务了。而是要对这些问题做一些分析。其中最重要的是判断这个问题算不算 bug，需不需要修复。在这个问题需要修复的前提下，再去分析 bug 的出现原因才是有意义的。

比如，在做接口测试时，当我们遇到接口返回值为 200，是不是就表示这个接口调用成功了？当接口返回一个表示错误的值，而没有给出错误的原因，这个接口还正常吗？这都需要我们用测试依据的思维来分析，才能给出结论。

首先，第一个依据是接口文档。如果有详尽的接口文档，那么这些问题都可以迎刃而解。但是，实际项目中，可以说我从未见过真正详尽的文档，即使有文档，往往也不够全。因此，我们必须要具体问题具体分析。

第一个原则是分析问题对用户的严重程度。举个例子，有一个培训班的选课系统，在用户选择课程后，接口报错显示失败，但接口返回值里没有给出失败原因。这算 bug 吗？选课失败的原因可能有：网络错误、课程人数已满、服务器内部出错等。但用户不一定关心这个原因。可能用户只要知道选课成功还是失败就行了，那么在这种情况下，这个问题可以不算 bug，或者认为它是一个优先级很低的 bug。而假如用户必须知道失败原因才能决定要不要再次选课，那么这个原因缺失就是 bug 了。

第二个原则是看有谁关心这个问题。举个例子，有一个订单系统，新增数据时只会返回 success，而不返回这一条新增的数据的内容。这算 bug 吗？通常来说，没有返回这个数据，对功能并不影响，可以不算 bug。但假如这个功能对性能测试人员很有必要的话，那么可以把它当作 bug 提出来，要求开发方把数据加到返回值里。同样，有些问题可能用户不关心，但其他模块的开发方关心，又或者产品经理关心，这种情况下可以判定是否为一个需要修复的 bug。

另外重要的原则还有：安全风险，比如会不会导致用户信息泄露或者出现安全漏洞。

再者就是判断一个迭代的测试有没有通过的依据。

对此，我们要记住的是，测试是为项目服务的，而不是反过来项目为测试服务。所以测试人员通常不会说一个项目质量太差不能发布，而是提示给项目相关人员当前质量状态下发布会产生的风险，具体风险是严重程度为多少等级的 bug，有没有必须修复的严重问题仍未修复。

原则上讲，如果有严重问题是不能发布的，但如果负责的经理或者整个团队都认为可以在这个风险下发布，那么一般还是会发布。这种情况下，我们可以重新评估这个问题的严重程度，看是不是可以降低风险，也就是说测试的依据是灵活的，随时可以根据项目的实际情况进行调整。

6.1.5　设计接口测试的测试用例

软件测试是不可穷尽的。对同一个软件，可以设计无数的测试用例。那么对于接口测试来说呢？显而易见，接口测试也是不可穷尽的。对于一个接口，可以设计出无数组传入参数，那么如何来设计呢？这里，我们的原则是要用黑盒测试与白盒测试相结合，也就是灰盒测试的方法来设计测试用例。首先设计接口测试的测试用例的依据如下所示。

（1）接口文档优先。

（2）如果没有文档，以抓包结果作为测试用例设计的依据。

通过阅读文档或抓包，我们可以知道这个接口有哪些传入参数和返回参数。但是对于参数的意义，还是需要结合业务以及与开发、产品人员沟通来了解。

设计接口测试用例的一般步骤如下。

（1）按照设计测试用例的依据来设计传入参数和预期的返回参数。

（2）使用发包工具或脚本调用接口，如果调试不通，需要去跟开发人员沟通。

（3）如果调试通了，则作为一个接口调用的基础用例。

（4）在基础用例上做扩充，使用黑盒的等价类划分等方法设计传入参数，形成单个接口的一组用例。有时候，我们要用到白盒测试的方法，去阅读代码。比如当我们对接口做数据库校验时，需要读代码（或者问开发人员）才能知道要查找数据库的哪个表。

（5）在待测接口都设计好基础用例的前提下，组合各个接口，设计多个接口串联调用的场景的测试用例。这里说的场景，其实就是和普通黑盒测试里设计用户场景的测试用例是一样的。

需要注意的是，有的项目可能不需要做场景测试，也有的项目可能不需要做单个接口测试，直接做场景测试即可。需要根据实际项目情况来决定。除了这些以外，以下接口测试特有的测试场景也要注意。

（1）接口测试一定有返回值，而且这个返回值可能有多种错误代码，可以覆盖这些错误代码。

（2）接口测试的鉴权机制是特有的，需要单独测试。常见的鉴权机制有：请求头里包含 token、使用 cookie 信息鉴权等。

（3）在不同网络情况下的测试。根据实际情况决定是否需要做测试，比如，有些项目需要考虑用户会不会在弱网下调用这些接口。

6.2 设计接口测试框架

设计自动化测试框架并不等同于设计基于图形界面的自动化框架。有很多人一提到测试框架就想到 selenium、appium 之类的图形界面自动化测试库。但实际上，在业界使用比较广泛的自动化测试框架，大多数是基于接口或命令行等非图形界面来驱动自动化的。相反，那些基于图形界面的自动化测试，实现成本高，维护成本更高，往往很难得到比较好的投入产出比。

6.2.1 接口测试框架总体设计

如图 6-1 所示是一个简单的自动化测试框架在单机上运行程序时的过程。测试人员可以通过命令启动测试执行器，然后测试执行器根据测试套件里定义的逻辑去调用测试驱动库，对待测软件进行测试，并汇总测试结果，生成测试报告。

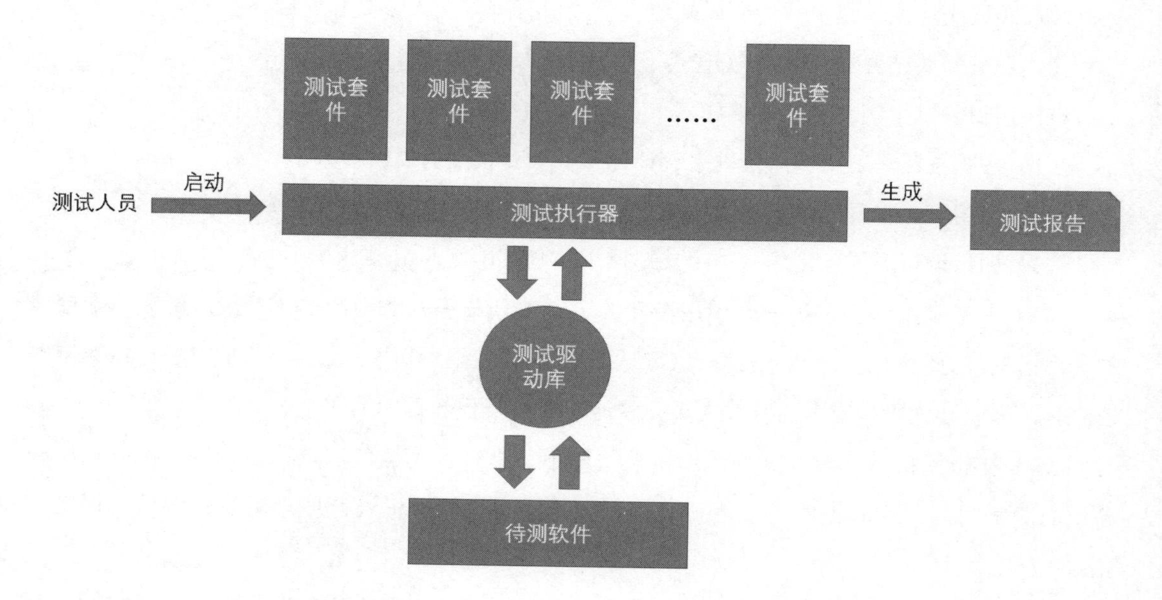

图 6-1　一个简单的自动化测试框架示意图

下面分别对这个框架中的各个组件进行需求分析和选型。

（1）测试执行器

需求分析：

①可以调用测试用例，并汇总成报告。

②对失败的测试用例，可以给出失败的原因。

③对单个测试用例，可以有前置操作或后置操作，也就是支持 setup 和 teardown。

④可以按照需要执行选定的部分测试用例，比如，执行所有属于冒烟测试的测试用例。

⑤安装简单。

选型：pytest。

（2）测试驱动库。

需求分析：能发 HTTP 协议的接口请求。

选型：requests。

（3）测试数据管理。

需求分析：暂时不需要。

选型：暂无，前期测试数据将保存在文本文件里，后面会单独讲解。

（4）测试报告。

需求分析：

①要打出 xml 报告和 html 报告。

② xml 报告应该和 junit 兼容。

选型：pytest-html。

综上所述，这个接口测试框架将基于 Python + requests + pytest 来实现。

6.2.2　接口测试框架模块划分

首先我们把这个项目划分为两个子项目：TUGithubAPI 和 TUGithubAPITest。

为什么这样划分？

这里借鉴了 Python 的 robot framework 测试框架的设计理念：关键字和脚本。一个网站的后台 http 接口可能包括很多方法。第一步，我们把这些方法封装成一个 Python 类库。在设计一个接口测试框架的时候，目的是能调用这个网站提供的 http 接口，那么应该怎样调用呢？可以把这些 http 接口封装成普通的 Python 库，就像曾经使用过的那些 Python 标准库和一些第三方库一样。

这也是软件测试开发中的第一大核心方法：封装。

（1）封装可以把不好用的功能改成好用的。

（2）封装可以把已有的功能改成自己的。

（3）封装可以在现有的功能上加入你想要的功能。

（4）封装可以改变程序的运行和调用方式，http 接口可以封装成 Python 接口，反过来 Python 接口也可以封装成 http 接口。通过封装可以“化腐朽为神奇”。

所谓的测试开发，我们并不是任何工具都要从头开始写，如果这样会花费巨大的工作量。一般情况下更好的选择是：二次开发。而封装，则是最简单、最常用、最好用的二次开发方式。

回到我们的框架上来，计划是把 Github 提供的 http 接口封装成 Python 类库，这个库名为 TUGithubAPI。当封装完成后，就像使用普通 Python 库一样，可以以类名加方法名的形式调用 http 接口。假设有一个测试用例，我们要登录 Github，然后创建一个新的 repo，之后在这个 repo 里创建一个文件。

【例题】一个测试用例的伪代码：

```
def test_create_repo_and_upload_file():
    github = Github(xxx).login(username=xxx,password=xxx)
    repo = github.create_repo(xxx)
    result = repo.upload_file(xxx)
    assert result.success=True,xxxx
```

而这样的测试用例集合会存放在另一个项目中：TUGithubAPITest。

两个项目的关系是这样的：TUGithubAPITest 调用 TUGitHubAPI 来对 Github 接口做自动化测试。我们把概念简单地解释一下：

- 测试脚本：按某种业务逻辑调用关键字，以实现自动化测试。
- 关键字：把待测软件的功能封装成方法，以供测试脚本调用。

我们这个框架里借鉴了 robot framework 的关键字和脚本的理念，但没有用 robot framework 做测试执行器。在 6.2.1 节中，我们选择了 pytest 作为设计测试执行器，原因是它用起来比 robot framework 简单。而当你真正掌握这个测试框架的设计思想之后，还可以替换其他执行器。当你能做到这一步的时候，就是真正步入了测试开发的领域。

再把这个思想拓展一下：自动化脚本是不是一定要用来做测试？并不是，还可以用来做自动化部署、自动化运维，等等。事实上在运维领域里，也有很多出色的自动化工具用到了自动化的设计思想，比如 ansible。

6.2.3 项目开始前的准备

1. 预先安装好 Git。

- 在 Windows 上安装。

在 Windows 上安装 Git 也有几种方法，官方版本可以在 Git 官方网站上下载。

另一个简单的方法是，安装 GitHub for Windows。这个安装程序包含 Git 的图形化和命令行版本。可以在 GitHub for Windows 网站下载。

- 在 Mac 上安装。

在 Mac 上安装 Git 有多种方式。最简单的方法是安装 Xcode Command Line Tools。Mavericks（10.9）或更高版本的系统中，在 Terminal 里尝试首次运行 git 命令即可。如果没有安装过命令行开发者工具，系统将会提示安装。

如果想安装最新版本，可以使用二进制安装程序。

（2）安装完毕后，在桌面上右击鼠标然后选择 Git Bash Here 之后进入 Git 的命令行，使用下面命令下载代码。

- 下载 TUGithubAPI 项目代码：

```
git clone https://github.com/TestUpCommunity/TUGithubAPI.git
git checkout xxx
```

请把 xxx 替换成具体分支名。

- 下载 TUGithubAPITest 项目代码：

```
git clone https://github.com/TestUpCommunity/TUGithubAPITest.git
git checkout xxx
```

请把 xxx 替换成具体分支名。

在本书的学习中，代码可以在公众号中下载，如果读者在 6.4.7 节后参与这个开源项目，就需要使用这里安装的 git；详见本书附赠视频资源。

6.3 TUGitHubAPI 的框架设计

TUGitHubAPI 主要用来封装待测程序也就是 Github 的接口，把待测程序的 http 接口封装成 Python 脚本里可以直接调用的 Python 接口。

6.3.1 TUGitHubAPI 的内部模块设计

这个子项目内包括了以下模块：

Api：封装了 Github 提供的 API 接口。

Core：封装了用来发送请求的 rest client。

Operations：封装了通过调用多个接口实现的用户操作。

Scripts：用于存放一些调试用的代码。

6.3.2 Rest 请求客户端

首先，我们需要写一个 rest 请求的客户端，命名为 RestClient。

这个类用于收发我们将要用到的 http 请求。

那么为什么要设计这个类呢？

假如我们不用这个类，一般直接用 requests 收发请求。

【例 1】用 requests 收发请求：

```
    response = requests.post("http://httpbin.org/post",data={"a":"b"})
    print(response,text)
```

但是这样发送的请求之间没有关联，当我们需要做一些连续调用的请求，比如“先登录再把商品加入购物车”的时候，需要使用 requests 的 session 功能，伪代码示例如下。

【例 2】requests session 收发请求的伪代码：

```
    session = requests.session()

    # 注意这个是伪代码，不能运行。这一行表示登录
    response = session.post("http://xxxxxx/login",data={"username":"aaa","password":"
bbb"})
    print(response.text)

    # 这一行表示将商品加入购物车
    response = session.post("http://xxxxxx/cart",data={"xxx":"aaa"})
    print(response.text)
```

这里，由于登录和登录后的请求都由同一个 requests session 对象发出，两个请求里带有同样的 header 信息，包括里面的 cookie 信息。因此可以模拟用户在浏览器上先登录再做 xxx 的操作。

那么是不是使用 session 功能就足够了呢？

一般来说是够用了，不过我们可以再优化一下，加入这个功能。

给一个网站加上一个默认的 URL 地址前缀。

比如我们都是对 github.com 这个网站来做的测试，那么脚本按【例 2】的写法，每个请求里都要写一遍完整的 url，如“http://github.com/login”和“http://github.com/xxxxx”，这样代码显得有些冗余。因此我们可以建一个类，自动给所有 url 加上前缀。

【例 3】增加了代码前缀功能的 Rest Client 类：

```
    import requests,json


    class RestClient():
        def __init__(self,api_root_url):
            self.api_root_url=api_root_url
            self.session = requests.session()

        def get(self,url, **kwargs):
            return self.request(url,"get",**kwargs)

        def post(self,url,data=None,json=None,**kwargs):
            return self.request(url, "post",data,json,**kwargs)

        def options(self, url, **kwargs):
            return self.request(url, "options", **kwargs)

        def head(self, url, **kwargs):
            return self.request(url, "head", **kwargs)

        def put(self, url, data=None, **kwargs):
            return self.request(url, "put", data,**kwargs)

        def patch(self, url, data=None, **kwargs):
```

```
        return self.request(url, "patch", data,**kwargs)

    def delete(self, url, **kwargs):
        return self.request(url, "delete", **kwargs)

    def request(self,url,method_name,data=None,json=None,**kwargs):
        url = self.api_root_url+url
        if method_name == "get":
            return self.session.get(url, **kwargs)
        if method_name == "post":
            return self.session.post(url, data, json, **kwargs)
        if method_name == "options":
            return self.session.options(url, **kwargs)
        if method_name == "head":
            return self.session.head( url, **kwargs)
        if method_name == "put":
            return self.session.put(url, data, **kwargs)
        if method_name == "patch":
            return self.session.patch(url, data, **kwargs)
        if method_name == "delete":
            return self.session.delete(url, **kwargs)
```

这里，在这个类里加了以下方法，具体如下：

（1）init 方法：初始化这个类的时候需要输入 api_root_url，也就是 URL 的前缀。另外，还在初始化时创建了 self.session，用于保存 requests 的 session 功能。

（2）get、post 等各种 http 方法：用于让用户使用。但这里并没有真正实现这些方法，因为在 requests 里有实现过这些方法，只要把参数传给 requests 即可。把这个传递写在 request 方法里，所以这里的 http 请求都是调用 requests 方法。

（3）request 方法：真正调用 self.session 的各种方法，这里同样是把参数传下去，只是在传之前，给所有用户输入的 url 加了一个前缀。前缀的值是用户在 init 方法里输入的。

【例 4】运行【例 3】的类：

```
r=RestClient("http://httpbin.org")
x= r.post("/post",json= {"a":"b"})
print(x.text)
```

这个例子介绍了怎样使用【例 3】的 RestClient 向 http://httpbin.org/post 这个 URL 传送一个 json 对象 {"a" : "b"}，并打印其返回值。所以一旦 RestClient 类被实例化之后，发请求不需要再输入完整的 url，这将使以后的测试脚本代码得到很大的简化。

1. 通过查询搜索资料，了解 RestClient 类里出现的各种 http 方法的含义及区别。包括 get、post、options、head、put、patch、delete 等。

2. 仿照【例 4】，写一段脚本，使用 RestClient 向 github.com 的首页发送的 get 请求。

6.3.3 通过 Rest 请求客户端登录 Github

在官方文档里介绍了 Github api 支持的登录方式。

（1）用户名密码登录：这是最直接的方式，通过发送用户名密码来登录服务端。此外，一些特定的 api 只能用这个方式登录。

（2）token 登录：这是最常用的方式，使用一个特殊字符串 token 代替用户名密码，完成用户登录权限验证。

（3）SAML 登录：这是企业级里常用的方式，可以结合企业里其他用户认证方式。

（4）two-factor 登录：这是要求二次鉴权的登录方式，比如手机验证码登录。

下面我们将实现用户名密码登录和 token 登录两种方式。

【例 1】实现用户名密码登录和 token 登录：

```
class RestClient():
    def __init__(self,api_root_url,username=None,password=None,token=None):
        self.api_root_url=api_root_url
        self.session = requests.session()
        if username and password:
            self.session.auth=(username, password)
        if token:
            self.session.headers["Authorization"] = "token {}".format(token)
```

这里，通过修改 RestClient 类的初始化方法，添加三个参数：username、password 和 token。当 username 和 password 不为空时使用用户名密码登录，向 requests session 中添加 auth 信息。当 token 不为空时使用 token 登录，向 requests session 的 header 里的 Authorization 字段里添加 token 信息。

修改 RestClient 类。

上面【例 1】的代码中有一个 bug，当用户同时输入 username、password 和 token 时，两种鉴权方式的信息都会被存入 session，这样可能导致未知的错误，请尝试通过修改代码修复这个 bug。

我们开始写代码封装第一个接口。

【例 2】api/repositories/repos.py：

```
from core.rest_client import RestClient
class Repos(RestClient):
    def __init__(self,api_root_url,**kwargs):
        super(Repos, self).__init__(api_root_url,**kwargs)

    def list_your_repos(self):
        return self.get("/user/repos")
```

【例 3】github.py：

```
from api.repositories.repos import Repos

class Github():
    def __init__(self, **kwargs):
        self.api_root_url="https://api.github.com"
        self.repos = Repos(self.api_root_url,**kwargs)


if __name__ == '__main__':
    r=Github(token="xxxxxxxxxxxxxx")
    x= r.repos.list_your_repos()
    print(x.text)

    r=Github(username="xxxxxx",password="xxxxx")
    x= r.repos.list_your_repos()
    print(x.text)
```

【例 2】中，我们又建立一个新的类 Repos，它是 RestClient 的一个子类。

值得注意的是，它的初始化方法与父类的参数表不一样（注意，子类和父类的初始化方法可以接受不同的参数表）：

```
def __init__(self, api_root_url,**kwargs)
```

它接受了一个固定参数 api_root_url 和一个关键字参数 **kwargs。

其中，大家对固定参数很好理解，而关键字参数的意思是，可以传入任意的键值对作为参数。当然，我们观察其父类的代码，虽然可以传入任意的关键字参数，但只有这三个参数 username、password、token 会被处理。这里的关键技术是：Repos 作为一个子类，它不需要知道哪些参数会被处理以及会被怎样处理，可以直接在自己的初始化方法里调用父类的初始化方法，不管用户传入几个参数，都可以原封不动地传给它的父类。

```
super(Repos, self).__init__(api_root_url,**kwargs)
```

这里的 super 表示父类，这一行是调用父类的 init 方法。

初始化完成后，可以用 self 在子类中直接使用父类的方法，比如 get 方法。

```
    def list_your_repos(self):
        return self.get("/user/repos")
```

现在我们先不运行【例 2】、【例 3】的代码，要通过浏览器访问。

得到代码响应如下：

```
401 Unauthorized
{
  "message": "Requires authentication",
   "documentation_url": "https://developer.github.com/v3/repos/#list-your-repositories"
}
```

这是因为，通过浏览器访问时没有登录，系统返回 401 未授权的访问，并要求登录。而运行【例 3】的代码，则会得到登录用户的所有 repo 信息。注意，把【例 3】中的 xxxxx 信息改成真实的信息。

【例 3】的代码中，我们使用了组合模式来做封装。组合模式在《Java 编程思想》中有介绍。这里是借鉴了这个思路来写的。

首先我们建立一个 Github 类，负责接收用户输入的用户名、密码、token、url 等参数，并且在其成员变量中新建 repos 类的实例。因为 repos 类继承自 RestClient 类，所以，相当于一个 Github 类的实例里有多个 RestClient 子类，就像一辆车上的前轮和后轮，而前轮和后轮都是继承自轮子这个类。

6.3.4 封装一个 Get 请求

在 6.3.3 节中，我们初步封装了一个列出所有 repo 的接口，下面进一步完善这个接口的封装。

这个接口的调用方式是："GET /user/repos" 这里的 "GET" 表示使用 http 的 get 方法来调用这个接口，后面的 "/user/repos" 则表示接口的 url。这个接口用来列出当前用户能读写或管理的 repo。

在 Github 上，一个用户对一个 repo 拥有以下三种权限：

（1）read：读权限，可以读取这个 repo 的代码和数据。

（2）write：写权限，可以向这个 repo 提交代码等。

（3）admin：管理权限，可以设置这个 repo。

Github 的文档中分为以下三列介绍这个接口的参数。

（1）Name 列为参数名，文档显示这个接口接受 5 个参数。

（2）Type 列为参数的数据类型。在这个接口中，全部都是字符串 string。

（3）Description 为参数的业务描述。其中还会给出默认值等信息。

表 6-1 所示是文档中的参数表格，我们一起来看一下。

表 6-1

名称	类型	描述
visibility	string	可见性 这个字段可以接受的值为 all 所有：表示要列出所有的仓库， public 公开的：表示要列出公开的仓库， private 私有的：表示要列出私有的仓库。 默认是 "all"
affiliation	string	从属关系 这个字段接受用逗号隔开的一组值，这一组值里可以包括： *owner 拥有者：表示要列出当前用户作为拥有者所拥有的代码仓库 *collaborator 参与者：表示要列出当前用户作为参与者所参与的代码仓库 *organization_member 组织成员：表示要列出当前用户作为组织成员所参与的代码仓库。包括这个用户参加的所有小组 team 所能访问的所有代码仓库 默认值 : owner,collaborator,organization_member （这个默认值表示所有上述三种情况里，符合任意一种情况的代码仓库都要列出来。）

续上表

名称	类型	描述
type	string	类型 这个字段可以接受的值为：all, owner, public, private, member 默认值为 all 这个字段和 visiblitiy 及 affiliation 字段冲突，它的涵义也是用来选择要列出什么类型的代码仓库。所以如果它和这两个跟它冲突的字段同时出现在请求中， 就会出现 422 错误
sort	string	排序方式 这个字段可以接受的值为 created：根据创建时间排序 updated：根据更新时间排序 pushed：根据最后代码提交时间排序 full_name：根据全名排序 默认值为 : full_name
direction	string	排序方向。这个字段接受两种值：asc 升序和 desc 降序，当 sort 字段为 full_name 时默认值为 asc 升序；否则为 desc 降序

visibility：Github 的代码仓库分为 public repo 和 private repo，前者就是公开的，后者是私有的，私有的代码仓库需要付费才能创建。这个参数接受 all、public、private 这三种值，默认值为 all。

affiliation：用于表示用户在 repo 中的身份角色。比如 owner 就是 repo 的管理员。如果自己创建一个 repo，那么创建者就是其 owner。此外还有 collaborator 和 organization_member 两种身份。collaborator 是 repo 的 owner 在设置里设置好的。organization member 则是 organization 的管理员在设置中设置的。

值得注意的是，这个参数的默认值是 owner,collaborator,organization_member，也就是说可以是三种角色的任何一种。这个参数接受的是由逗号隔开的一组值，这样，用户输入参数时可以灵活选择。

type：可以是 all、owner、public、private、member 中的任意一个，默认为 all。这里文档特意指出了，如果 type 和 affiliation 在同一个请求里一起使用的话，会得到一个 422 错误。大家需要明确一个概念，任何请求都可以得到任何返回值，具体得到什么都是程序员在代码里设置的。所以这里可以看到 github 的程序员虽然设置了 type 和 affiliation 两个过滤 repo 的参数，但是，其并不允许用户同时使用这两个参数。

sort：结果的排序方式，可以是 created、updated、pushed 或者 full_name，默认是 full_name。这个参数是用来给返回值排序的，根据 repo 的创建时间、更新时间、最后提交代码时间或名称排序。

direction：用来确定排序顺序，可以是 asc 或 desc 升序或降序。这个参数的默认值也很有意思，当 sort 使用 full_name 时，direction 默认是升序，否则默认是降序。

从这个接口里，我们可以看到，定义一个接口可以是很灵活的。参数之间可以互相独立，也可以有依赖关系，甚至可以规定不能同时使用的参数。

【例 1】GET /user/repos 接口的封装：

```
def  list_your_repos(self,visibility=None,affiliation=None,type=None,sort=None,dire
ction=None):
        params={"visibility":visibility,"affiliation":affiliation,"type":type,"directio
n":direction, "sort"=sort}
        return self.get("/user/repos",params=params)
```

这里一共有三行很直观代码。

第一行在方法定义时加入这些参数，并且设置默认值为 None。

第二行定义了要发送的参数表。

第三行在 get 后面加入参数表。

这里第三行的 get 会调用到父类 Rest Client 里定义的 get 方法：

```
def get(self,url, **kwargs):
    return self.request(url,"get",**kwargs)
```

这个位置会调用 RestClient 的 reqeust 方法：

```
if method_name == "get":
    return self.session.get(url, **kwargs)
```

从而最终完成 reqeusts session 的 get 方法。

注意，这些代码在 RestClient 里，通过 **kwargs 把子类的参数表完整传递给 reqeusts 的 session 对象的 get 方法。

这种传参方式是封装时常用的手法，封装又是常用的二次开发方式。

封装最大的好处是，不用深入修改被封装的代码的内部逻辑，而且代码可以在这个被封装的工具升级后，仍旧兼容。

最后我们来测试一下这个封装好的 get 方法。

【例 2】测试一下封装好的方法：

```
r=Github(token="xxxxxx")
x= r.repos.list_your_repos()
print(x.text)

r=Github(token="xxxxxxx")
x= r.repos.list_your_repos(visibility="private")
print(x.text)

r=Github(token="xxxxx")
x= r.repos.list_your_repos(visibility="all")
print(x.text)

r=Github(token="xxxxx")
x= r.repos.list_your_repos(direction="desc")
print(x.text)
```

运行得到如下结果（为了排版方便，只截取了部分结果）。


```
[{"id":173399151,"node_id":"MDEwOlJlcG9zaXRvcnkxNzMzOTkxNTE=","name":"TUGithubAPI
[]
[{"id":173399151,"node_id":"MDEwOlJlcG9zaXRvcnkxNzMzOTkxNTE=","name":"TUGithubAPI
[{"id":18255577,"node_id":"MDEwOlJlcG9zaXRvcnkxODI1NTU3Nw==","name":"simpleWebtes
```

第一行为默认调用，没有传参数，全部使用默认值。在我们的封装里直接传入了 None。

```
def list_your_repos(self,visibility=None,affiliation=None,
  type=None,sort=None,direction=None):
```

但 github 那边仍旧是按照没有传这个参数来处理的，到底是不是这样处理吧，这是由代码决定的，所以如果大家测试其他网站，不可以生搬硬套传个 None 做默认值，要确定你们的待测软件对参数如何处理。

第二行是传了 visibility=private 时的返回值，这里没有 private repo，所以返回一个空列表。

第三行把 visibility 传的值设置成了 all，输出的结果又和第一行一样了。

第四行更改排序的方式为降序。所以看到结果和第一行的顺序刚好相反了。

这样，这个接口就通过了简单测试，代码可以提交了。

例子中的 token=“xxx”需要把 xxx 替换成真实的 token，才能运行成功。关于 github 上的操作，包括注册账号、生成 token 等，都有详细视频讲解。

6.3.5　进一步思考 Get 请求的封装

首先我们回顾一下上次的代码。

【例 1】GET /user/repos 接口的封装：

```
  def list_your_repos(self,visibility=None,affiliation=None,type=None,sort=None,dire
ction=None):
        params={"visibility":visibility,"affiliation":affiliation,"type":type,"directio
n":direction, "sort"=sort}
        return self.get("/user/repos",params=params)
```

这段代码有没有什么问题？

这里其实有一个问题，就是这个方法的参数表非常长。现在只有五个参数，就这么长了，如果一个接口接收十几个参数，这个方法看上去就会非常难，或者说不美观。

这里我们将它简化一下：

【例 2】接口的封装的代码简化：

```
  def list_your_repos(self,**kwargs):
      return self.get("/user/repos", **kwargs)
```

这样，简化成为两行代码，直接让调用这个库的用户自己输入参数，对应的调用的位置也要做修改。

【例 3】调用修改后的 list_your_repos：

```
r = Github(token="xxxxxxxxxxx")
data={"direction": "desc"}
x = r.repos.list_your_repos(params=data)
print(x.text)
```

这里跟上一节的例子的区别就是增加了第二行 data，然后在调用 list_your_repos 时直接把这个 data 以关键字参数的形式 params=data 传了过去。

按照【例 2】的思路，我们就可以对 Github 的接口做更加简洁的封装。事实上，这里的封装将只包含三个信息。

（1）接口的 http 方法名称，在 return 语句里，用 self.xxx 的 xxx 来表示。

（2）接口的 url。

（3）起的方法名。

最后在文档里补上官方文档的链接，告诉用户在哪里可以查看这个方法的详细用法。

```
"""
https://developer.github.com/v3/repos/#list-your-repositories
"""
```

而关于参数和返回值的文档，我没写，因为 **kwargs 这个参数和默认的返回值，我们这里所有基础封装方法都是一样的。只有当我们封装的方法出现了 **kwargs 以外的参数和特殊的返回值时才写。

这个项目中基础封装有以下几个的原则：

（1）我们在这个项目中封装的 Github 接口，每个方法的代码里需要包含两个信息 url 和 http 方法名。

（2）每个方法的文档里需要包含指向 Github 官方文档的链接。

（3）每个方法的参数中只包含必要信息，并且尽量少。

下面再来看几个例子：

【例 5】对 GET /users/:username/repos 的封装：

```
def list_user_repos(self, username, **kwargs):
    """
    https://developer.github.com/v3/repos/#list-user-repositories
    :param username:  username
    """
    return self.get("/users/{}/repos".format(username), **kwargs)
```

这是一个带参数的基础封装的例子。因为 username 会作为 url 的一部分，所以给他单独加了个参数。这个方法和例 1 封装的方法基本相同，区别是【例 5】是查一个用户名下的 repo 信息，【例 1】是查看当前登录用户的 repo 信息。**kwargs 内部的参数方面，【例 5】只支持 type，direction 和 sort。至于这几个参数的含义，和【例 1】里同名的参数完全一样，详细可以查看官方文档。

【例 6】调用【例 5】的代码：

```
r = Github(token="xxxxxxxxxxx")
data={"direction": "desc"}
x = r.repos.list_user_repos("zhangting85",params=data)
print(x.text)
```

6.3.6　封装更多类型的请求

这里会用到这些接口文档：

新建 repo：https://developer.github.com/v3/repos/#create。

获取 repo：https://developer.github.com/v3/repos/#get。

编辑 repo：https://developer.github.com/v3/repos/#edit。

打开文档，大家可以看到这些接口接受的参数列表和类型。

可以从文档中看到，新建 repo 是用 http 的 post 方法，获取 repo 是用 get 方法，编辑 repo 则是用 patch 方法。我们可以简单地认为，在技术上，这些 http 方法的区别不大，都是通过把消息封装成 http 数据包后发过去。那么我们看一下是如何实现的。

【例 1】3 个接口的实现：

```
def create_user_repo(self, **kwargs):
    return self.post("/user/repos", **kwargs)

def create_organization_repo(self, org, **kwargs):
    return self.post("/orgs/{}/repos".format(org), **kwargs)

def get_repo(self, owner, repo, **kwargs):
    return self.get("/repos/{}/{}".format(owner, repo), **kwargs)

def edit_repo(self, owner, repo, **kwargs):
    return self.patch("/repos/{}/{}".format(owner, repo), **kwargs)
```

新建 repo 的接口的两个方法：

- create_user_repo 是在 Github 用户名下新建 repo；
- create_organization_repo 是在 Github 的机构名下新建 repo。这里的用户或机构，又叫作 owner，也就是 repo 拥有者的意思。

get_repo 方法要求输入 owner 和 repo 名称。这是获取一个 repo 必须要输入的值。而这个方法后面的 **kwargs，现在不需要写，但是留着也可以。

edit_repo 则是编辑一个 repo 时要用的，也需要输入 owner 和 repo 名字。

【例 2】调用这些接口：

```
r = Github(token="xxxxx")
username = "zhangting85"
orgnname = "xxxx"

# case 1
data = {
    "name": "Hello-World",
    "description": "This is your first repository",
    "homepage": "https://github.com",
    "private": False,
    "has_issues": True,
    "has_projects": True,
    "has_wiki": True
}
```

```
x = r.repos.create_user_repo(json=data)
print(x.status_code)
assert x.status_code == 201

# case 2
x = r.repos.create_organization_repo(org=orgnname, json=data)
print(x.status_code)
assert x.status_code == 201

# case 3
x = r.repos.get_repo(username, "Hello-World")
print(x.status_code)
assert x.status_code == 200
print(x.text)

# case 4
data = {
    "name": "Hello-World",
    "description": "YYYY:This is your first repository ",
    "homepage": "https://github.com",
    "private": False,
    "has_issues": True,
    "has_projects": True,
    "has_wiki": True
}

x = r.repos.edit_repo(username, "Hello-World", json=data)
print(x.status_code)
print(x.text)
assert x.status_code == 200
```

首先，使用 token 登录 Github，然后进行如下操作：

测试用例 1：

（1）调用创建 repo 的方法，注意这里并不需要输入用户名。

（2）Github 会自动根据 token 找到我们的用户名。

值得一提的是，我们把 repo 的详细信息用“json= 一个字典”这样的写法传递下去。最终这个“json=xxx”是由 requests 库提供的。也就是说，在调用 post 方法时，不需要显式地把数据转换成 json 数据类型，只要用“json= 一个字典”这样的就行了。（json 数据类型可以理解成把 Python 的字典转换成一种特殊格式的字符串。主要的特殊性在于 json 一定要用双引号，而不是单引号。）

测试用例 2：调用 create organization repo 在一个机构的账号下建立 repo。

注意：创建成功的返回值 status code 是 201。一个 http 接口，并不是说只有返回 200 才是成功。后面在项目实战中我们会看到各种各样的返回值。

测试用例 3：获取一个指定的 repo，返回值 status code 是 200。

测试用例 4：编辑一个 repo，虽然用了 patch，但是和用 post 基本上没什么区别。

注意：requests 没有给 patch 提供“json= 一个字典”的写法，但是我们这里还是这样写了。

【例 3】给 patch 方法加一个自动的 json 类型转换。

```
if method_name == "patch":
    if json:
        data = json_parser.dumps(json)
    return self.session.patch(url, data, **kwargs)
```

第一行在 rest client 中传的参数，表示方法名。

第二行是判断从测试用例 4 中传下去的“json= 一个字典”是否存在，因为它有可能不存在。比如说，如果有一个接口要求用 patch 方法传一个不是 json 的数据。那么我们可以用“data= 数据”来传。当“json= 一个字典”存在时，则自动用“json_parser”做一个 dumps 操作，把字典 json 转换成 json 字符串。

再说一下 json_parser，我们在文件顶部，通过 import json as json_parser 导入这个库。为什么要加上 as json_parser 呢？因为我们在下面用 json 作为变量名。当我们有变量必须和某个库重名，又不想产生歧义的时候，可以用 import xxx as xxx 来解决重名问题。

6.3.7　接口封装层设计的改进

【例 1】init 方法里多余的语句：

```
class Repos(RestClient):
    def __init__(self, api_root_url, **kwargs):
        super(Repos, self).__init__(api_root_url, **kwargs)
```

在这个地方，我们之前的代码里有一个初始化方法：

```
super(Repos, self).__init__(api_root_url, **kwargs)
```

这一行，其实不是必须要写的，为什么呢？

因为这里如果不写 Repos 类的初始化方法，系统会默认使用父类的初始化方法。这样仍然可以完成初始化操作。

那么我们什么情况下需要写上这句话？当我们要继续扩展这个初始化方法，并保留父类初始化方法功能的时候需要写上。

在【例 3】里，我们将继续讲解这个方法。

那么先看第 2 个例子。

【例 2】越来越大的 github.py：

```
from api.repositories.repos import Repos
from api.repositories.traffic import Traffic
from api.issues.issues import Issues


class Github():
    def __init__(self, **kwargs):
        self.api_root_url = "https://api.github.com"
        self.repos = Repos(self.api_root_url, **kwargs)
        self.issues = Issues(self.api_root_url, **kwargs)
        self.traffic = Traffic(self.api_root_url, **kwargs)
```

在这个代码片段中，我们看到了 init 方法下的内容越来越多。每一次有新的类创建的时候，这里都会加上一个“self.xxx=xxxxxx”，实际上要创建有几十个类，那么最后这里就会有几十个 self.xxx，这将导致 Github 类使用困难。对此，在最初的设计里没有提及，但其实是做了这样的设想：即代码组织完全按照官方文档的结构。

下面介绍本章代码里在 TUGithubAPI\api 下创建的各个目录的含义。

举个例子：

Repos 的文档存放在 https://developer.github.com/v3/repos/。

branches 的文档存放在 https://developer.github.com/v3/repos/branches/。

我们把这两个地址称为“文档 URL”。

从文档 URL 上看，它们都属于 Repos 层级下面的。那么对应的内容就会在 api/repositories/ 文件夹下，repos.py 和 branches.py 这两个类的类名对应于“文档 URL”结尾的最后一个单词，也就是 repos 和 branches。而它们所存放的目录名 api/repositories/，其中的 repositories 是取自 Repos 文档 url 的大标题。

从文档 url 中看出，repos 和 branches 并不是同一级别或者说同一层次的。我们可以这样理解，branches 是 repos 层级下面的组件。那么，因为 branches 位于 repos 下面一级，所以我们调用 branches 类的代码如下：

```
github.repos.branches.xxxxx
```

而不是 github.branches.xxxxx

为了实现这个功能，请看【例 3】讲解。

【例 3】增加了几个类的 repos 初始化方法：

```
class Repos(RestClient):
    def __init__(self, api_root_url, **kwargs):
        super(Repos, self).__init__(api_root_url, **kwargs)
            self.releases = Releases(self.api_root_url, **kwargs)
            self.traffic = Traffic(self.api_root_url, **kwargs)
            self.statistics = Statistics(self.api_root_url, **kwargs)
            self.statuses = Statuses(self.api_root_url, **kwargs)
```

【例 4】修改过的测试方法：

```
if __name__ == '__main__':
    r = Github(token="xxxx")
    username = "zhangting85"
    orgname = "TestUpCommunity"
    reponame ="simpleWebtest"
    # case 1

    x = r.repos.traffic.list_clones(username, reponame)
    assert x.status_code == 200
    print(x.text)
```

在【例 3】中，我们在 Repos 的 init 方法里直接新建这些附属类，这就解决了【例 1】里提出来的问题“是否需要 init 方法”，当然这些附属类可以不写 init 方法。

在【例 4】中，我们调用了 repos.traffic 下面的 list_clone 方法，让 Github 告诉我们：某个用户名下的某个 repo 被 clone 过几次。

通过这样的修改，Github 类的大小将得到有效控制，大约 20 个 self.xxx 完全对应接口文档中的独立章节数目。

6.3.8　关键字层的封装

关键字就是按照一定格式封装好的一个 Python 方法。由于我们把这一层的关键字按同样的格式封装，在测试用例中调用关键字时就可以按照同样的方式。

一个关键字应该具有一定的业务意义，关键字里可以使用其他的关键字。

最终用来组成测试用例的关键字一定是有比较明确的业务意义，这样，测试用例的可读性通过关键字来保证。

说到这里，读者可能还是一头雾水。没关系，我们来看以下例题。

【例 1】类 CommonItem：

```
class CommonItem:
    pass
```

没错，这就是一个空的类，什么都没有。当然，后续的内容中我们会添加一些内容。但在本小节中，这就是一个空的类，但却非常有用。顾名思义，它用来表示一个“普通的东西”。

【例 2】operations/repo.py：

```
from core.base import CommonItem


def create_repo(github, name, org=None, description=None, homepage=None, private=False, has_issues=True, has_projects=True, has_wiki=True):
    """
    用来在当前用户或指定的 org 下建 repo 的方法
    :param github: github 对象
    :param name: string, repo 名称
    :param org: string, 如果是要在一个 organization 下建 repo，就在这里输入 org 名字；否则默认建在当前用户下。
    :param description: string, repo 的描述
    :param homepage: string, repo 的主页 URL
    :param private: boolean, 值为 true 的时候建立一个私有 repo，为 false 时建立公开 repo，默认是 false
    :param has_issues: boolean, true 会建立有 issues 的 repo，false 则没有，默认是 true
    :param has_projects: boolean, true 会建立有 projects 的 repo，false 则没有，默认是 true
    :param has_wiki: boolean, true 会建立有 wiki 的 repo，false 则没有，默认是 true
    :return: common item
    """
    result = CommonItem()
    payload = {
        "name": name,
        "description": description,
        "homepage": homepage,
        "private": private,
        "has_issues": has_issues,
        "has_projects": has_projects,
```

```
            "has_wiki": has_wiki
        }
        result.success = False
        if org:
            response = github.repos.create_organization_repo(org=org, json=payload)
        else:
            response = github.repos.create_user_repo(json=payload)
        result.response = response
        if response.status_code == 201:
            result.success = True
        else:
            result.error = "create repo got {},should be 201".format(str(response.
status_code))
        return result
```

这里把关键字层的文件放在 operations 目录下，命名为 operations，直译是操作，意思是用户的一系列操作。也就是说，关键字层是为了完成用户的一系列操作的封装。

首先是这个方法的用处是用来创建 repo。

```
    def create_repo(github, name, org=None, description=None, homepage=None,
private=False, has_issues=True, has_projects=True, has_wiki=True):
```

这一行代码很关键具体讲解如下。

第一个传入参数 github, 意思是我们之前用过的 GitHub 类的对象。

第二个参数 name，是一个必填参数。因为没有给它默认值。为什么它是必填参数呢，因为在创建 repo 的文档中有要求：name 是 Required. The name of the repository。

第三个参数 org （组织）是在 organization 下创建 repo 时必须要填的参数。也就是 orgnization 的名字。注意，后面的代码中，我们使用“if org:”作为一个条件分支。这样，创建 repo 的关键字，既可以用来给用户建 repo，也可以用来给组织建 repo。

第四个参数直到最后，这些参数也都是选填的。这个参数表也是来自创建 repo 的文档。

注意，Github 的接口文档中可能有十几个参数，这里却只封装了七八个，为什么呢？

因为，关键字是依托于具体业务的，它有一定的业务含义。这里假设业务上只用到这些参数，那么就封装这些。如果后来业务变化了，需要用到更多的参数，那么要用到哪些参数，那么就往这个方法里添加哪些。

再来讲下关键字的参数扩展，再举个例子，假如有一个团队，要封装一个注册用户的接口。注册用户有 2 个必填项（用户名、密码）和 10 个选填项（姓名、年龄、性别、xxx、xxx……）。

然后这个团队的每个测试用例都必须使用新注册的用户，那么就会封装一个注册用户的关键字，并在每个测试用例里都调用一下。那么如果业务上，这个团队的人写的测试用例，都不需要用到年龄这个字段，则封装的注册用户关键字里自然也不需要带上年龄这个字段。

直到某一天，产品说要给这个软件加一个新需求，比如不同年龄段的用户注册后，会跳转到不同欢迎页面。那么负责测试这个新需求的测试人员，就需要在这个注册用户的关键字里加上一个年龄字段，并且把它的默认值设置为 None。这样，只有重新写并且指定年龄的调用，才会把年龄字段的用户注册出来，而其他原有的测试用例里用户的注册来，则没有设置年龄字段。

这个例子说明一种通过参数默认值来保证不影响其他使用者，在此前提下修改并扩展关键字功能的方法。

最后讲下关键字的结果返回，继续看这个关键字的代码。

```
    result = CommonItem()
```

这里建立一个 CommonItem，然后在后面不同的条件分支语句中存放一些值。代码如下：

```
    result.success = False
    result.response = response
    result.error = "create repo got {},should be 201".format(str(response.status_
code))
```

并且在最后返回了这个结果。

这就是本项目中关键字的定义方法，即使用 CommonItem 这样的一个空的类作为关键字结果的对象。并且根据关键字内部的方法调用结果，为这个关键字的结果中的 success 字段赋值。当 result.success 为 True 时，则表示关键字里定义的业务执行成功；反之则失败。

注意，我们并不在关键字内部写断言语句：assert xxx。这是因为，我们有可能预测某个业务就是要失败的。比如，假设用这个关键字写一个用例来测试当用户输入同样的 repo 名字时，不能重复建立 repo。那么，此时我们预测这个关键字的 result.success 要等于 false 时，测试用例才能通过。

最后看一下关键字的调用和断言。

【例 2】调用关键字：

```
from github import Github
from operations.repo import create_repo

if __name__ == '__main__':
    github = Github(token="xxxx")

    # test 1: 在当前用户下创建一个 repo，除了 repo 名字以外全部用默认值
    result = create_repo(github, "simpletest")
    assert result.success == True, result.error

    # test 2: 在当前用户下创建一个 repo，使用一些输入值
    result = create_repo(github, "simpletest03", has_issues=False)
    assert result.success == True, result.error
```

这里，我们建一个 scripts/debug.py 文件做一些测试和调试工作，在【例 2】中调用前面封装的关键字。

例中的 test1 和 test2 分别是创建两个 repo 成功的调用。区别是 test 2 中我们通过指定关键字参数的值创建了一个不包含 issues 的 repo。

注意以下代码：

```
assert result.success == True, result.error
```

这句也是关键字的固定写法，我们预测这次调用结果是成功的，如果不成功，让关键字打印出预先定义好的出错信息 result.error。这个错误信息是在【例 1】中预先定义的。为什么要有这样的错误信息呢？ 因为这个信息会出现在测试报告中，如果写得好，可以使阅读测试报告的人不需要再去查看详细的 case 运行日志，就明白出错的问题从而节约测试结果分析的时间。

在 debug.py 中增加关键字的调用。

（1）创建一个名为 testme 的 repo，不包含 projects、issues 和 wiki。

（2）使用重复的 repo 名字再次创建，并且在断言语句中预测它会调用失败。

6.4 TUGitHubAPITest 的框架设计

TUGitHubAPITest 主要用来封装测试脚本和测试的业务场景，其中会调用 TUGihubAPI 项目里封装出的 Github 的 Python 接口。

6.4.1 TUGitHubAPITest 的内部模块设计

TUGithubAPITest 的内部模块主要由 3 个部分组成：

（1）api_test：针对单个接口做的测试。

（2）scenario_test：针对多个接口组成的业务场景的测试。

（3）libraries：测试框架的库，用户开发一些测试框架相关的库。比如，自定义测试报告模块、测试数据管理模块。值得注意的是，比如 unittest、pytest 等测试执行器，都带有一定的相关模块，但是，这些测试执行器的相关功能往往比较简单或不能符合我们的实际需求，就需要我们做一定程度的二次开发。

这个项目里，选择 pytest 作为测试执行器。主要原因是它的使用比较简单。笔者目前工作中也在基于 unittest，修改一个自定义的测试执行器。但对大家来说，首先掌握 pytest 是掌握测试框架开发最简单的选择。它可以自带各种类型的测试报告、数据驱动，根据 mark 的方式选择要执行的测试用例。唯一特殊的地方就是 setup 和 teardown 的写法与传统 Xunit 的写法有所不同。

6.4.2　针对单个接口的测试

针对单个接口的测试，主要是使用脚本调用这个接口，然后对这个接口的返回值做校验。有时候也不限于校验返回值，我们还需要做更进一步的校验。比如，校验数据库里的值。可以通过读取数据库的方式，也可以通过调用其他现有接口来校验。举个例子，假如我们调用创建 repo 的接口，在自己的 Github 账号下创建一个 repo，那么接下来就可以调用列出 repo 的接口来看自己的账号下是否有新创建出来的 repo。如果没有，即使前面创建 repo 的接口返回成功了，也不能确定是真的成功。

因此当自动化测试失败时，我们需要去分析是测试脚本出错了，还是待测软件出错了。这也叫作测试结果分析。言归正传，在写测试脚本时，具体采用何种方式做校验，取决于具体业务需求。

下面介绍针对单个接口做测试。

【例 1】单接口测试校验：

```
import pytest


def test_list_all_public_repos(env):
    r = env.github.repos.list_all_public_repos()
    assert r.status_code == 200, "status_code should be 200 but actually={}".
format(r)
    assert r.json()[0].get('id') == 1
    assert r.json()[0].get('name') == 'grit'
    assert r.json()[0].get('private') == False


def test_list_organization_repos_number(env):
    r = env.github.repos.list_organization_repos("TestUpCommunity")
    assert r.status_code == 200, "status_code should be 200 but actually={}".
format(r)
    assert len(r.json()) == 2


def test_list_organization_repos_name(env):
    r = env.github.repos.list_organization_repos("TestUpCommunity")
    assert r.status_code == 200, "status_code should be 200 but actually={}".
format(r)
    assert r.json()[0].get('name') == "TUGithubAPI"
    assert r.json()[1].get('name') == "TUGithubAPITest"
```

首先第二行定义了测试方法 test_list_all_public_repos(env)，其中 env 表示测试环境的 fixture 参数，稍后再详细讲解切换环境的方式。这个测试方法名是会显示在测试报告里的，所以尽量名字起得具有实际意义。比如这里就是要测试：列出所有公共 repo 的方法“list_all_public_repos”。

第三行是调用待测接口的操作，通过从 env 中取出的 Github 对象来调用这个接口。

第四至七行依次校验了返回值的 http 响应状态码，返回值中的 id、name 和表示是否是私有 repo 的字段 private。

第四行的 r.status_code 读取出了响应的状态码，并校验其应该等于 200。如果不等于 200，则输出后面这段错误信息："status_code should be 200 but actually={}".format(r)。

第五行的 r.json() 从返回值中提取出 json 并转化为 Python 能处理的数据结构。具体到这一个接口的返回值，它返回的是一个列表，所以接着就用 [0] 取出列表的第一个元素，最后用 get('id') 来取出其中的 id 字段，也就是说第五行取出接口返回值中第一条数据里的 id，并做了校验。

“test_list_organization_repos_number”这个方法用于测试一个 github organization 中的 repo 的个数。其校验语句中“assert len(r.json()) == 2”这一句表示在校验返回的 repo 的列表长度为 2，也就是说预测这个 organization 下有 2 个 repo。

注意，“test_list_organization_repos_name”这个方法用于测试 github organization 中的 repo 名称。这个方法和上一个方法调用的接口是同一个接口。为什么要这样写，而不把两个测试方法合并为同一个呢？这里涉及自动化测试断言中软断言 soft assert 的概念。所谓软断言，就是说，当这个断言出错时，当前的测试方法还会继续往下执行。比如当我们校验一个 repo 的属性时，如果 id 对了，name 不对，那么软断言还会继续执行后面的断言，最后在报告里列出哪些断言通过了，哪些没通过。

然而，在 Python 中，我们使用的 assert 方法并不是软断言，也就是说，当第一个断言失败时，测试方法会立即退出，不会再继续执行后续的断言。因此，当希望执行一轮测试能测出所有问题或者说做完所有断言时，要么自己实现软断言，要么就把测试方法级别拆小，也就是同一个接口分成多个测试方法。简单做法是，使用拆分测试方法的方式来解决这个问题。当然，并不是说一定要拆到每个方法只有一个断言，我们把握好度就行。

另外值得注意的是，assert 后的第二个参数表示错误信息，建议大家一般都加上。

6.4.3 通过 fixture 实现测试环境的切换

在 6.4.2 节的例子中，每个测试方法都有一个参数 env，这个参数是怎样得来的呢？下面看一下在 conftest.py 文件中定义的 fixture。

【例 1】conftest.py 文件中定义的 fixture：

```
import pytest, os
from Environment import Env


@pytest.fixture(scope="module", autouse=True)
```

```
def env():
    yield Env(token=os.environ['token'])

@pytest.fixture(scope="module", autouse=True)
def just_print():
    print("我只是打印一段文本")
```

在【例 1】中我们定义了一个名为 env 的 fixutre，定义 scope 是 module，autouse 为 True，意思就是说这个 pytest module 中的测试方法执行前，会执行一次这个 env 方法。如果 scope 是 function，那么就会在每个测试方法执行前都执行一次 env 方法。而 autouse 为 True，则我们所有的测试方法里，都不需要显式指定 env。但是，6.4.2 节中的每个方法里 env 都显式执行了？这是因为，env 是一个有返回值的 fixture，所以不管 autouse 是否为 True，我们如果要用这个返回值，都必须显式指定。当然，因为 autouse 为 True，所以如果我们不显式指定 env 这个 fixture，虽然无法用返回的 Env 对象，但 env 实际上还是被调用过的。我们通过打断点调试可以验证这一点。

在【例 1】中的另一个 fixutre 则是真正自动调用的 just_print，这个 fixture 会在运行测试时被调用一次，来打印一段文本。当然，我们又有问题了，为什么测试运行后的命令行输出里没有打印出这一段文字呢？这是因为 pytest 的另一个机制：如果测试不失败，则测试执行过程中的所有 print 语句都不会显示打印出来。同样的，我们通过打断点调试可以验证这一点。

其中这一行的内容是【例 1】的重点：yield Env(token=os.environ['token'])

yield 在 pytest fixture 里相当于 return，pytest 的测试执行顺序是：被调用的 fixture 的 yield 之前的语句→测试方法→被调用的 fixture 的 yield 之后的语句。换句话说，yield 前的语句是 setup，yield 后的语句是 teardown，module 规定了 fixture 的 setup 和 teardown 范围，autouse 定义了 fixture 是否需要显式调用。而 yield 这行里返回的是 fixture 提供给测试方法使用的对象。具体到这个例子，就是一个 Env 类的对象，我们用它来做测试环境的切换。

【例 2】在 Environment.py 文件中定义的 Env：

```
from github import Github

class Env:
    def __init__(self,token):
        self.github = Github(token=token)
```

这个文件非常简单：定义了一个类 Env，然后在初始化方法里使用传入值登录 tokenGithub 网站。在【例 1】中，我们用“Env(token=os.environ['token'])”创建这个对象，值得注意的是，这里的“os.environ['token']”的意思是从环境变量里读取一个名为 token 的变量，也就是说要运行这个例子的话，需要预先设置环境变量。

修改环境变量的方法，可以通过 pycharm 的 Run→Edit Configurations→Environment→Environment variables 来修改，也可以通过在操作系统里设置等方法。当然也可以把这行替换成一个写死的 token 字符串。

这个 Env 类用于切换环境，那么在一般项目中，不同环境往往代表着不同的 url 和参数，现在这个类的代码还不包括这一步操作，下一节我们讲解环境切换的参数化。

自己尝试修改【例 1】来验证 fixture 的运行机制。

6.4.4 给环境切换加上参数化

之前例子中，我们设计了用于切换环境的类，但还没有实现根据不同的环境切换不同的参数。比如不同的环境的 url 地址可以不同，测试用户名等数据都可以不同。这里，我们要引入自动化测试中的参数化来实现这个功能。所谓的参数化，就是针对同一套逻辑，在不同的情况下使用不同的数据。参数化的常用手段是使用外部存储，包括文本文件、yaml、xml、csv、Excel、数据库、数据平台等不同级别的外部存储。这里，我们选用 ini 文件来作为例子。当然，也可以用其他文件类型做参数化，只需要更改读取文件的逻辑和使用的库即可。

【例 1】给 github.py 加上参数 api_root_url：

```
from api.repositories.repos import Repos
from api.issues.issues import Issues
from api.checks.checks import Checks

class Github():
    def __init__(self, api_root_url, **kwargs):
        self.api_root_url = api_root_url
        self.repos = Repos(self.api_root_url, **kwargs)
        self.issues = Issues(self.api_root_url, **kwargs)
        self.checks = Checks(self.api_root_url, **kwargs)
```

首先，我们在 github.py 的初始化方法里新增一个参数“api_root_url”。这个参数用于在切换不同环境下的 Github 时使用不同的 URL。当然了，我们在公网上只有一个 Github，并没有办法真正切换环境，但这里作为一个示例。你真正做的可能是另一个项目，封装的类也不叫作 Github，可能是其他名字，同时你要测试的项目很可能是有多个测试环境，使用不同的 URL。

【例 2】data.ini 数据文件：

```
[dev_env]
api_root_url:https://api.github.com

[test_env]
api_root_url:https://api.github.com

[release_env]
```

```
api_root_url:https://api.github.com
```

这个数据文件定义了三个环境，分别是 dev_env、test_env、release_env，表示开发环境、测试环境和发布环境，用方括号表示环境名。而其中像“api_root_url:https://api.github.com”这种就是具体参数。

我们注意到，在三个环境名下都定义了同样的参数，这是由于公网上只有一个 Github 可用，如果修改了 URL，测试就不能执行了。而如果做其他项目，那么修改不同环境下的参数就可以实现环境切换时的 URL 参数化了。

【例 3】修改文件 conftest.py：

```
import pytest, os
from Environment import Env
from configparser import ConfigParser

@pytest.fixture(scope="module", autouse=True)
def env():
    config = ConfigParser()
    config.read('data.ini')
    api_root_url=config[os.environ['env']]['api_root_url']
    yield Env(api_root_url=api_root_url,token=os.environ['token'])

@pytest.fixture(scope="module", autouse=True)
def just_print():
    print("我只是打印一段文本")
```

接着就要修改 conftest.py 文件。这里使用 configparser 库来读取文件，使用 read 方法直接读取 ini 文件并自动转成字典类型。然后我们用语句“config['test_env']['api_root_url']”读取 ini 文件里的内容就可以了。

第一个方括号是 ini 文件里定义的环境名，第二个方括号是 ini 文件里环境名下面定义的参数。这个例子中我们实际实现时再次使用了从环境变量读取参数的方法：“config[os.environ['env']]['api_root_url']”其中的“os.environ['env']”会读取环境变量中的 env 参数，也就是环境名。这样，我们只要修改环境变量中的 env 参数，即可实现不同环境的切换，还可读取该环境下不同的参数。

在 Python 中使用“os.environ['变量名']”的形式可以访问环境变量。在 PyCharm 中可以设置环境变量，设置方法为：选择顶部菜单 run → edit configurations 选项，在左边选择 Python 执行→在右边找到 Environment variables 选项→修改其中的值。

【例 4】Environment.py：

```
from github import Github

class Env:
    def __init__(self,api_root_url,token):
        self.github = Github(api_root_url,token=token)
```

最后是在 Env 类中加上新增的 api_root_url 参数。值得注意的是，这里的 token 实际上也可以放到 data.ini 里。这里没有放进去是因为公网的 Github 有一种安全机制：当它检测到你提交的代码里包含 Github 上的 personal access token 值时，会自动注销这个 token，所以这里没有把它放到 ini 文件里。

常用的外部存储有以下几个：

- yaml：使用 PyYaml 来读取。
- ini：使用 ConfigParser。
- 数据库：使用 mongoDB 这类非关系型数据库可以使我们不用写 SQL 语句。
- Excel：虽然不是很灵活，但是由于历史原因等因素，还是很多人使用，其代码库很丰富，有 xlrd（读）、xlwt（写）、xlutils 等模块。

另外，上述的文本型外部存储均可以使用 jinja2 库向其中放入 Python 运行时产生的数据，类似于网页模板的生成原理。

6.4.5 响应结果的预处理

我们之前的例子中，所有断言的写法如下：

```
assert r.json()[0].get('id') == 1
```

这里要反复调用 r.json 是比较麻烦的，json() 方法如果使用不能以 json 转换的文本会出现 exception。所以必须要加 try except，才能防止在收到服务器的一些错误返回（比如有些服务器代码出错后，响应里就直接返回一个字符串而无法用 json 做转换）时导致测试直接退出。这里可以做一个小优化，把 .json 的调用移到 rest client 里去。这个操作就是对响应结果做一个预处理。做预处理并不能完全避免因为 exception 而退出测试，如果要完全避免，需要实现软断言。另外，预处理可以使我们更有效地使用 IDE 的代码自动提示功能，自动提示里会优先展示 status_code、conent 和 raw 这三个属性。

【例 1】简单的预处理：

```
def process(raw_response):
    response=Response()
    response.raw=raw_response
    response.status_code=raw_response.status_code
    try:
        response.content=raw_response.json()
    except:
        response.content=raw_response.content
    return response

class Response():
    def __init__(self):
        self.status_code=None
        self.content=None
        self.raw=None
```

在这个简单的预处理例子中，我们设置了 status_code、content 和 raw 三个属性的值。其中

content 的值来自于使用 json() 处理过的原响应数据，如果处理失败，则直接返回原响应数据中的 content 值，在最后 raw 里保存了原始响应。

做完修改后，相应的，rest client 类中的“return self.session.get(url, **kwargs)”也要改成“return process(self.session.get(url, **kwargs))”，而测试用例中的断言写法可以改成“assert r.content[0].get('private') == False”，如下面的例子所示。

【例 2】rest client 的代码片段：

```
def request(self, url, method_name, data=None, json=None, **kwargs):
    url = self.api_root_url + url
    if method_name == "get":
        return process(self.session.get(url, **kwargs))
    if method_name == "post":
        return process(self.session.post(url, data, json, **kwargs))
    if method_name == "options":
        return process(self.session.options(url, **kwargs))
    if method_name == "head":
        return process(self.session.head(url, **kwargs))
    if method_name == "put":
        return process(self.session.put(url, data, **kwargs))
    if method_name == "patch":
        if json:
            data = json_parser.dumps(json)
        return process(self.session.patch(url, data, **kwargs))
    if method_name == "delete":
        return process(self.session.delete(url, **kwargs))
```

【例 3】测试用例的片段：

```
def test_list_all_public_repos(env):
    r = env.github.repos.list_all_public_repos()
    assert r.status_code == 200, "status_code should be 200 but actually={}".
format(r)
    assert r.content[0].get('id') == 1
    assert r.content[0].get('name') == 'grit'
    assert r.content[0].get('private') == False
```

rest client 类这样修改之后，就可以对响应做统一的预处理了。我们可以再做一些更复杂的预处理来继续扩充 rest client。

6.4.6　针对场景的测试

在写了一些针对单个接口的测试代码后，我们会发现，这种测试是从代码实现角度来设计的。而测试用例设计方法上，除了按照代码提供的接口，一个一个测试以外，还可以按照用户场景来测试。在用户场景的接口测试中，将会调用多个接口，并观察多个接口调用后，用户的业务场景是否能成功，以此来验证多个接口协同工作是否正常。同样，可以用针对场景测试来验证待测系统的多个组件之间的协同工作是否正常。

【例 1】添加一个新的关键字用来创建分支：

```
def create_branch(github, owner, repo, new_branch_name, source_branch_name):
    """
```

```
        在现有 repo 上创建一个分支，从老分支上拉出一个新分支
        :param github: github 对象
        :param owner:  string, owner 名称，可以是github org 名称或当前用户的用户名
        :param repo:  string, repo 名称
        :param new_branch_name: 新分支的名称
        :param source_branch_name: 老分支的名称
        :return: common item
        """
        result = CommonItem()
        result.success = False
        result.error = None
        response = github.gitdata.refs.get_a_reference(owner, repo, source_branch_name)
        if response.status_code != 200:
            result.success = False
            result.error = "get source branch sha fails,repo={} got {},should be 200".
format(repo,str(response.status_code))
            result.response = response
            return result

        source_branch_sha = response.content["object"]["sha"]

        payload = {
            "ref": "refs/heads/{}".format(new_branch_name),
            "sha": source_branch_sha
        }
        response = github.gitdata.refs.create_a_reference(owner, repo, json=payload)
        if response.status_code != 201:
            result.success = False
            result.error = "create branch reference fails,repo={} got {},should be 201".
format(repo, str(response.status_code))
            result.response = response
            return result
        result.success = True
        result.response = response
        return result
```

这个关键字中，分为两步操作：第一步是取指定的 github repo 的分支 sha 值。sha 值可以理解为对每个提交版本计算出的唯一字符串。使用 sha 值可以 checkout 出某个特定版本的代码。我们每次创建新的分支，都是基于现有 sha 值所表示的特定版本，即把这个版本的代码复制到新分支上。第二步是从 sha 值的版本上创建新的分支。这里调用的接口是 git hub 的 git data 的 refs 相关接口。然后在关键字里判断接口调用的返回值，并返回整个关键字的操作结果。

【例 2】一个用户场景的测试用例代码：

```
import pytest
from operations.repo import create_repo,create_branch
from random import randint

def test_create_repo_and_create_a_branch_should_success(env):
    repo_name="test_repo_{}".format(randint(1,99999))
    result=create_repo(env.github,repo_name,auto_init=True)
    assert result.success is True, result.error
    result=create_branch(env.github, "xxxxx",repo_name,"test","master")
    assert result.success is True, result.error


if __name__ == '__main__':
    pytest.main()
```

在 scenario_test 目录下创建一个新的测试用例。

这个测试用例首先在当前用户下创建了一个随机命名的新代码仓库，然后在代码仓库下创建了一个名为 test 的分支。注意上面的 xxxx 替换成你的用户名。

6.4.7　继续学习项目实战的代码

本章中的两个小项目，只是给大家打开了接口测试框架设计的大门。以这些代码为基础，读者可以大胆创新，自己打造测试框架。对于 Python 语言来说，我们写代码的时候，有很多地方可以有很多种实现方式。这两个项目的实现方式，并不是唯一的。封装 Github 的 api 接口的库，在 Github 上可以找到很多。我们可以学习下不同的库对 Github 的 api 是如何封装的，体会其中的设计思想。而不是在各种地方都把这两个项目的写法“套”上去。

举个例子，在 TUGItHubAPI 项目中，我们对 Github 的接口做了封装。那么是不是无论我们测试什么接口，都要这样封装呢？回答并不是。在另一个项目中，有人对 Python 的第三方库仿照封装 Github api 的方式做了封装，这反而使得接口比被封装前更难用了。

值得注意的是，我们封装 Github 接口的原因是 Github 提供了 http 接口，如果要在 Python 语言里测试它，那么把它也封装成 Python 语言的库再来测会比较方便。也就是说，设计一种封装，也是有一定原则的。我们的最基本原则就是要使复杂的事物简单化。

6.5　如何在实际项目中应用测试框架

在初步掌握这套框架之后，我们要做的就是把它应用在各种实际项目上。这里会介绍一下应用这个框架做实际项目的步骤。在拿到一个新项目后，我们需要依次确认其协议、数据封装方式、鉴权方式，然后把接口封装成 Python 接口，再把其中一部分 Python 接口封装成关键字，最后使用 Python 接口和关键字组装测试用例。

6.5.1　确认项目中所用的协议和数据封装方式

首先，我们需要确认这个实际项目中所用的协议和协议的数据封装方式。在之前的项目中，我们编写了 rest 请求客户端，这是为了针对 http 协议和 json 格式的数据而编写的。下面的介绍也会基于这个 rest 请求客户端做改动。

【例题】回归之前编写的 rest 请求客户端：

```
import requests
import json as json_parser


class RestClient():
    def __init__(self, api_root_url, username=None, password=None, token=None):
        self.api_root_url = api_root_url
```

```
        self.session = requests.session()
        if username and password:
            self.session.auth = (username, password)
        elif token:
            self.session.headers["Authorization"] = "token {}".format(token)

    def get(self, url, **kwargs):
        return self.request(url, "get", **kwargs)

    def post(self, url, data=None, json=None, **kwargs):
        return self.request(url, "post", data, json, **kwargs)

    def options(self, url, **kwargs):
        return self.request(url, "potions", **kwargs)

    def head(self, url, **kwargs):
        return self.request(url, "head", **kwargs)

    def put(self, url, data=None, **kwargs):
        return self.request(url, "put", data, **kwargs)

    def patch(self, url, data=None, **kwargs):
        return self.request(url, "patch", data, **kwargs)

    def delete(self, url, **kwargs):
        return self.request(url, "delete", **kwargs)

    def request(self, url, method_name, data=None, json=None, **kwargs):
        url = self.api_root_url + url
        if method_name == "get":
            return process(self.session.get(url, **kwargs))
        if method_name == "post":
            return process(self.session.post(url, data, json, **kwargs))
        if method_name == "options":
            return process(self.session.options(url, **kwargs))
        if method_name == "head":
            return process(self.session.head(url, **kwargs))
        if method_name == "put":
            return process(self.session.put(url, data, **kwargs))
        if method_name == "patch":
            if json:
                data = json_parser.dumps(json)
            return process(self.session.patch(url, data, **kwargs))
        if method_name == "delete":
            return process(self.session.delete(url, **kwargs))


def process(raw_response):
    response=Response()
    response.raw=raw_response
    response.status_code=raw_response.status_code
    try:
        response.content=raw_response.json()
    except:
        response.content=raw_response.content
    return response

class Response():
    def __init__(self):
        self.status_code=None
        self.content=None
        self.raw=None
```

这里，我们引入 requests 库来处理 http 接口请求，并且在类初始化方法里做了鉴权，关于鉴权后面会讲。如果项目不是基于 http 协议的，那么要改动引入的库，比如引入一个新的库，下面的各种调用 requests 库来实现的方法也要改成使用新引入的库来处理。如果不是 http 协议，自然也不会是 http 协议的 get、post 方法，而是要按照具体协议来实现。

当我们拿到一个新项目时，怎样确认它的接口是基于什么协议的呢？

一般来说，测试人员主要通过看接口文档以及和开发人员沟通的方式，来了解这个项目的接口，此外还可以按照之前说的用抓包工具自己抓包来看。这里建议读者从 http 协议的项目开始练习，等熟悉了整套接口测试框架脚本编写之后，再接触其他协议。

6.5.2　确认鉴权方式

接下来需要确认这个项目的接口鉴权方式。

最常见的接口鉴权方式，是在请求头内包含特定的参数。比如我们之前介绍的 Github 项目支持“用户名＋密码”的鉴权，同时也支持 token 鉴权。所以，可以在 rest 请求客户端内实现。

【例 1】Rest 请求客户端初始化方法中的鉴权：

```
def __init__(self, api_root_url, username=None, password=None, token=None):
    self.api_root_url = api_root_url
    self.session = requests.session()
    if username and password:
        self.session.auth = (username, password)
    elif token:
        self.session.headers["Authorization"] = "token {}".format(token)
```

在这个方法中，读取了 url、用户名、密码、token 这些参数，默认值为 None。并且在用户输入用户名和密码的时候，把 session.auth 的值设置为元组“(username,password)”。当用户没有输入用户名和密码，而是输入了 token 时，则把 token 放入请求头 headers 的 Authentication 参数中。

这里要注意，并不是所有项目都这样实现，都把用户名密码放入 auth 中，把 token 放入 headers 的 Authentication 参数，而仅仅是 Github 这个具体项目中才这么处理，这样写是因为 Github 官方接口文档中要求这样来做鉴权。下面的例子是某电子商务项目的接口文档中的鉴权部分。

【例 2】某电子商务项目的接口文档中的鉴权说明：

```
公共入参

请求头需要设定几个固定入参，这些参数当用户处于登录状态下为必填项
参数示例
Parameter     类型      描述          例子
userId        int       用户 ID       20190001
sessionId     string    用户登录凭证  13333332333
```

注意，这个文档中，把鉴权信息称为公共入参。除此之外，不同的文档里还可能有其他说法。但总之是和用户名、密码、token、凭证、密钥、令牌等有关的内容。这个文档上说，所

有请求都要传入 userId 和 sessionId 两个参数，并且放在请求头内。

针对这样的要求，Rest 请求客户端就要修改成【例 3】这种形式。

【例 3】Rest 请求客户端初始化方法中鉴权部分的修改：

```
def __init__(self, api_root_url, userId=None, sessionId =None):
    self.api_root_url = api_root_url
    self.session = requests.session()
    if username and sessionid:
        self.session.headers["userId"]= userId
        self.session.headers["sessionId"]= sessionId
```

这样，发送出去的所有请求都会在请求头里带有 userId 和 sessionId 了。

6.5.3 确认接口文档，并封装 Python 接口

接口文档一般会包括以下内容：

（1）接口名称。

（2）接口说明。

（3）请求参数。

（4）响应参数。

（5）错误码。

有些文档里会给出接口调用的例子和响应的例子。如果没有文档，就要自己抓包获取这些内容。然后，我们就可以把 http 接口封装成 Python 接口。这也是我们在做 Github 接口测试项目时，api 层所做的事情。另外要注意，各个项目中同一个名词的叫法可以有很多种，比如请求参数也叫作入参，响应参数也叫作出参。

【例 1】Github 项目中的 Repos 类，封装了一些 http 接口：

```
from core.rest_client import RestClient

class Repos(RestClient):

    def list_your_repos(self, **kwargs):
        """
        https://developer.github.com/v3/repos/#list-your-repositories
        """
        return self.get("/user/repos", **kwargs)

    def list_user_repos(self, username, **kwargs):
        """
        https://developer.github.com/v3/repos/#list-user-repositories
        :param username:  username
        """
        return self.get("/users/{}/repos".format(username), **kwargs)

    def list_organization_repos(self, org, **kwargs):
        """
        https://developer.github.com/v3/repos/#list-organization-repositories
        :param org: orgnization name
        """
```

```
        return self.get("/orgs/{}/repos".format(org), **kwargs)

    def list_all_public_repos(self, **kwargs):
        """
        https://developer.github.com/v3/repos/#list-all-public-repositories
        """
        return self.get("/repositories", **kwargs)

    def create_user_repo(self, **kwargs):
        """
        https://developer.github.com/v3/repos/#create
        """
        return self.post("/user/repos", **kwargs)

    def create_organization_repo(self, org, **kwargs):
        """
        https://developer.github.com/v3/repos/#create
        """
        return self.post("/orgs/{}/repos".format(org), **kwargs)

    def get_repo(self, owner, repo, **kwargs):
        """
        https://developer.github.com/v3/repos/#get
        """
        return self.get("/repos/{}/{}".format(owner, repo), **kwargs)

    def edit_repo(self, owner, repo, **kwargs):
        """
        https://developer.github.com/v3/repos/#edit
        """
        return self.patch("/repos/{}/{}".format(owner, repo), **kwargs)
```

这个例子中，我们新建的 Repos 类继承了 Rest 请求客户端的类 RestClient，并且封装了一些 http 接口，比如 list_your_repos 用来列出当前用户的所有 repo，create_user_repos 用来给当前用户新建 repo，等等。

【例 2】某电子商务项目的接口文档中的一些接口：

```
1. 注册
接口地址：http://127.0.0.1/xxxx/user/v1/register
请求方式：POST
接口描述：用户注册，手机短信验证使用第三方短信平台，不包含在本平台中

@RequestBody 入参
Parameter    类型      描述      例子
phone        string    手机号    13523332333
pwd          string    密码      123

接口出参
Parameter    类型      描述
status       string    状态
message      string    提示消息

出参例子
{
"message": "注册成功",
"status": "0000"
}

2. 登录
接口地址：http://127.0.0.1/xxxx/user/v1/login
```

```
请求方式：POST
接口描述：用户登录，已注册用户输入注册手机号与密码进行登录操作

@RequestBody 入参
Parameter    类型      描述       例子
phone       string   手机号   13523332333
pwd         string   密码        123

接口出参
Parameter    类型      描述
status      string    状态
message     string   提示消息
result    jsonObject  返回参数

result 结构
Parameter       类型          描述
userId           int         用户 ID
sessionId     string      用户登录凭证
nickName      string       用户昵称
phone         string      用户手机号
headPic       string      用户头像地址
sex          int            性别              未提供修改性别的接口，返回默认 1= 男

出参例子
{
  "result":{
"headPic": "http:// 127.0.0.1/xxxx/images/small/head_pic/2018-11-21/20181121100733.jpg",
"nickName": "OP_8mY65",
"phone": "16619958760",
"sessionId": "154276714558512",
"sex": 1,
"userId": 12
},
"message": "登录成功",
"status": "0000"
}

3. 修改昵称
接口地址：http://127.0.0.1/xxxx/user/verify/v1/modifyUserNick
请求方式：PUT
接口描述：用户修改自己的昵称操作

@RequestHeader 入参
Parameter      类型          描述                例子
userId          int         用户 ID               18
sessionId     string   用户登录凭证     15320748258726

@RequestBody 入参
Parameter      类型          描述          例子
nickName      string       新昵称      好吃的鸡腿

接口出参
Parameter      类型          描述
status        string        状态
message       string      提示消息

出参例子
{
"message": "修改成功",
"status": "0000"
}

4. 修改用户密码
```

```
接口地址：http://127.0.0.1/xxxx/user/verify/v1/modifyUserPwd
请求方式：PUT
接口描述：修改用户密码

@RequestHeader 入参
Parameter       类型        描述            例子
userId          int        用户 ID           18
sessionId     string    用户登录凭证    1352333233313

@RequestBody 入参
Parameter       类型        描述        例子
oldPwd         string      原密码       123
newPwd         string      新密码       456

接口出参
Parameter       类型        描述
status         string      状态
message        string     提示消息

出参例子
{
"message": "修改成功",
"status": "0000"
}
```

在这个接口文档的描述中，测试需要的绝大多数内容，但缺少了错误代码。有可能是在接口文档的其他地方统一定义了错误代码，也有可能错误代码没有设计。如果在自己的项目中对错误代码不清楚，需要和开发人员确认。那么根据我们的 GitHub 项目的写法来封装这些接口，这里只是为了举例，我们把类名称定义为 example。

【例 3】按照文档来封装这个电商项目中的部分接口：

```
from core.rest_client import RestClient

class Example(RestClient):
    def register(self, **kwargs):
        return self.post("/xxxx/user/v1/register", **kwargs)

    def login(self, **kwargs):
        return self.post("/xxxx/user/v1/login", **kwargs)

    def modify_user_nick (self, **kwargs):
        return self.put("/xxxx/user/verify/v1/modifyUserNick", **kwargs)

    def modify_user_pwd(self, **kwargs):
        return self.put("/xxxx/user/verify/v1/modifyUserPwd ", **kwargs)
```

这里注意到，所有参数都用了 **kwargs 参数，而没有按照接口文档去定义。这是因为，这种写法在调用时可以直接传入 json 作为参数。如果以后接口修改，可以只在调用的地方传入其他内容，而无须修改这里的代码。

我们接下来看一下 Github 项目里，怎样调用 Repos 类。

【例 4】调用 Repos 类的方式，先新建一个 Github 类：

```
from api.repositories.repos import Repos
from api.issues.issues import Issues
from api.checks.checks import Checks
from api.git_data.gitdata import GitData
```

```
class Github():
    def __init__(self, api_root_url, **kwargs):
        self.api_root_url = api_root_url
        self.repos = Repos(self.api_root_url, **kwargs)
        self.issues = Issues(self.api_root_url, **kwargs)
        self.checks = Checks(self.api_root_url, **kwargs)
        self.gitdata = GitData(self.api_root_url, **kwargs)
```

之后就简单了，只要这样来调用它：

```
from github import Github

if __name__ == '__main__':
    github = Github(api_root_url='http://127.0.0.1',token="xxxx")
    payload = {
        "name": name,
        "description": description,
        "homepage": homepage,
        "private": private,
        "has_issues": has_issues,
        "has_projects": has_projects,
        "has_wiki": has_wiki,
        "auto_init": auto_init
    }
    response=github.repos.create_user_repo(json=payload)
```

【例 5】调用 Example 类的方法，也是先新建一个类：

```
from api.xxxx.example import Example


class OnlineBusiness():
    def __init__(self, api_root_url, **kwargs):
        self.api_root_url = api_root_url
        self.example = Example(self.api_root_url, **kwargs)

from onlinebusiness import OnlineBusiness

if __name__ == '__main__':
    ob = OnlineBusiness (api_root_url='http://127.0.0.1')
    payload = {
        "phone": phone,
        "pwd": pwd,
    }
response=ob.example.login(json=payload)
assert response.content['status']=='0000'
userId= response.content['result']['userId']
sessionId= response.content['result']['sessionId']
ob = OnlineBusiness (api_root_url='http://127.0.0.1',userId= userId,sessionId=
sessionId)
    payload = {
        " nickName":"新昵称",
    }
response=ob.example.modify_user_nick(json=payload)
assert response.content['status']=='0000'
```

这段例子汇总了前面介绍过的很多内容，首先是按照 Github 类的方式，新建一个 OnlineBusiness 类，然后在其初始化方法里新建了 Example 类的实例。第二段代码中，引用类 OnlineBusiness，然后新建了这个类的实例，在其中先调用登录方法 login，通过验证其返回的状态码来判断其是否登录成功。然后，从返回值里提取出 userId 和 sessionId，再次新建一个 OnlineBusiness 类的实例，这次新建的实例里带有 userId 和 sessionId，所以用这个类发出来的请求都在 headers 里带了这两个参数，也就是说，这个类调用的任何接口，都是用户已经登录之后做的操作。接着调用修改昵称的接口，并验证返回值里的状态码判断是否成功修改昵称。当然这样的判断还不够严谨，我们还需要再次获取修改后的昵称。

在【例 5】的基础上继续写下去，再次调用登录接口，并判断其中返回值里的 result 的昵称是否等于【例 5】中修改过的新昵称。

6.5.4 使用 Python 接口封装关键字

接口封装完毕后，就要封装关键字。比如封装有一个用户登录的关键字，用来测试所有需要登录的接口，或者说用来简化测试所有需要登录的接口时所需要写的代码。

【例题】Github 项目中一个关键字的封装：

```
from core.base import CommonItem


def create_repo(github, name, org=None, description=None, homepage=None, private=False, has_issues=True, has_projects=True, has_wiki=True, auto_init=False):
    """
    创建一个 repo。
    :param github: github 对象
    :param name: string, repo 名称
    :param org: string, 如果是要在一个 organization 下建 repo，就在这里输入 org 名字；否则默认建在当前用户下
    :param description: string, repo 的描述
    :param homepage: string, repo 的主页 URL
    :param private: boolean, 值为 true 的时候建立一个私有 repo，为 false 时建立公开 repo，默认是 false
    :param has_issues: boolean, true 会建立有 issues 的 repo，false 则没有，默认是 true
    :param has_projects: boolean, true 会建立有 projects 的 repo，false 则没有，默认是 true
    :param has_wiki: boolean, true 会建立有 wiki 的 repo，false 则没有，默认是 true
    :param auto_init: boolean, true 会初始化创建的 repo，false 则没有，默认是 false
    :return: common item
    """
    result = CommonItem()
    payload = {
        "name": name,
        "description": description,
        "homepage": homepage,
        "private": private,
        "has_issues": has_issues,
        "has_projects": has_projects,
```

```
            "has_wiki": has_wiki,
            "auto_init": auto_init
        }
        result.success = False
        if org:
            response = github.repos.create_organization_repo(org=org, json=payload)
        else:
            response = github.repos.create_user_repo(json=payload)
        result.response = response
        if response.status_code == 201:
            result.success = True
        else:
            result.error = "create repo={} got {},should be 201".format(name, str
(response.status_code))
        return result
```

注意，这里引用的 CommonItem 只是一个空的类，用来存放关键字结果。

```
    from core.base import CommonItem


    def login_with_phone_and_pwd(ob,phone,pwd):
        """
        用户登录
        :param ob:onlinebusiness 对象
        :param phone: string, 电话号码
        :param pwd: string, 密码
        :return: common item
        """
        result = CommonItem()
        payload = {
            "phone": phone,
            "pwd": pwd,
        }
        response=ob.example.login(json=payload)
        if response.content['status']!='0000':
        result.success = False
        result.error="登录失败"
        return result
        userId= response.content['result']['userId']
        sessionId= response.content['result']['sessionId']
        ob = OnlineBusiness (api_root_url=ob.api_root_url,userId=userId,sessionId=ses
sionId)

        result.success = True
        result.ob=ob
        return result
```

这样写了一个登录用的关键字“login_with_phone_and_pwd”之后，就可以在每个方法里调用“ob=login_with_phone_and_pwd(ob, phone, pwd)”来实现登录了。

6.5.5 在测试中灵活地使用关键字

常见的问题是，不知道什么时候使用关键字，怎样使用关键字。

首先，我们明确一点，只要封装了 Python 接口，即使不用关键字，也可以实现所有的接口测试，只是重复代码多一点。比如 6.5.4 节里的登录关键字，如果不封装成关键字，就要每次写好几行代码，封装成关键字之后，可以很容易地做登录功能。一般来说，哪些要封装关键

字是需要有一定的经验才能掌握的，原则就是，尽量把那些需要多次重用的方法封装起来。

【例 1】登录方法放在 conftest 文件中：

```
@pytest.fixture(scope="function", autouse=True)
def ob():
    ob = OnlineBusiness (api_root_url=ob.api_root_url)
    yield login_with_phone_and_pwd(ob,phone,pwd)
```

在这个例子里，并没有给 phone 和 pwd 赋值，实际测试中可以从环境变量读取这个值。

这样，在每个测试方法里，只要带上参数 ob，就可以直接使用了。

【例 2】修改昵称：

```
def test_modify_nickname(ob):
    payload = {
        " nickName":"新昵称",
    }
response=ob.example.modify_user_nick(json=payload)
assert response.content['status']=='0000'
```

由于这个 case 是测试修改昵称，修改昵称的前提条件是用户已登录，如果这种前提条件被重用多次，常常放在关键字里。如果只用一次，可直接写在测试方法里面。

我们在掌握了关键字之后，可以用它来实现各种单个接口测试和场景接口测试。

第7章 Jenkins 持续集成

7.1 持续集成简介

持续集成是一种软件开发实践，即团队开发成员经常集成他们的工作，通常每个成员每天至少集成一次，也就意味着每天可能会发生多次集成。每次集成都可以通过自动化的构建来验证，从而尽快地发现集成错误。

随着软件技术的不断发展，集成的频率也越来越快，在瀑布模型的年代，只有一个软件进入测试阶段才会开始做集成。而现在，每天集成多次也完全可能。这一切依赖于自动化的持续集成工具。值得注意的是，自动化在持续集成中是必须的，在持续集成系统上自动化构建软件，其步骤包括编译、自动化单元测试、自动化集成测试、代码扫描、发布、部署等环节。其中每个环节步骤又有很多工具和脚本。这些工具和脚本往往和软件自动化测试密切相关，因此测试人员需要掌握这些技术。

自动化测试在持续集成中至关重要。任何未经过测试的版本，即使构建出来，也是无用的版本。而为了快速迭代，快速发布软件的新版本，测试必须是自动化的。诚然，自动化测试不能完全替代手工测试，但是，它现在正在逐步替代大多数的手工测试。其原因在于，自动化测试的效率超高，以及它和持续集成的紧密配合。当持续集成刚刚出现，每天集成一个新版本的时候，手工测试还能跟得上节奏，然而随着技术发展，每天集成几个新版本甚至十几个新版本时，只有自动化测试能跟得上持续集成的节奏。

笔者曾经工作过的诺基亚公司云计算平台部门，每天每个产品线要出十几个版本，每天负责其中两三个产品的日常版本持续集成测试，可以说每天要执行的自动化测试脚本数以千计。这时，只有自动化测试才跟得上节奏。

7.2　持续集成工具 Jenkins

要实现持续集成，需要使用很多工具，但其中最重要的工具则是持续集成系统。其中，最著名最广泛使用的持续集成工具当属 Jenkins。Jenkins 使用起来简单明了，只不过大家在第一次使用的时候就要开始理解它的设计原理：Jenkins 通过提供 Web 界面，让用户可以简单地进行分布式操作执行各种任务（这些任务被称为 job）。

7.2.1　Jenkins 的简介

那么 Jenkins 到底是做什么的呢？我们可以这样理解，Jenkins 最核心功能的是以分布式的形式运行我们预先设置好的任务。

首先，在没有持续集成，软件也都是单机软件的时候，我们要发布一个软件的新版本，可以在自己的个人电脑上直接编译源代码，然后打包成 exe 文件并去发布。后来，网络软件成为主流，我们的发布方式改成把源代码编译成软件包，然后发送到 Web 服务器上去完成部署。之后用户就可以访问 Web 服务器的软件了。此时，发布都是手工去执行编译命令、打包命令，然后手工把其传到服务器上。

之后，开发者们想到每次都用手工这种操作太麻烦，于是写出了脚本来做这些事情。这时发布一个软件，可以认为是人工调用一些脚本，再让脚本来做发布，这也就是最初的自动化发布。但这样仍然很麻烦，需要有一个专人去启动这些脚本。于是，又会有人想到使用定时系统，定时执行这些脚本。这样，即使要半夜十二点发布新版本，也可以由系统代劳，不需要专人等到十二点去启动脚本。

使用操作系统自带的定时功能去启动脚本仍然不是终点。如果我们有很多个测试环境每天都要安装很多个产品的新版本，那么要维护的脚本数量庞大，这时就要 Jenkins 登场了。

Jenkins 提供了一个 Web 网页，它的核心功能如下。

（1）可以把我们要用的脚本以 job 的形式保存下来。同时还支持使用 git、svn 等版本控制系统管理脚本。而这个 job 里可以存放任何脚本，比如单元测试脚本、部署脚本、集成测试脚本、代码扫描脚本等。

（2）可以把这些 job 在不同的 slave 机上运行。也就是说可以用脚本把不同的产品部署到不同的服务器上。

（3）支持定时触发，还支持代码提交触发。比如，在某个测试环境中，开发人员每提交一次代码，都可以触发对应的 job。

（4）几乎支持所有语言的软件的构建。它最基础的功能是执行 shell 脚本。这样，能使用 shell 脚本来构建的软件，就都可以用 Jenkins 来构建。

（5）有很多插件，提供了各种各样的功能。比如，git 插件可以帮助我们从代码仓库中下载代码到 Jenkins 的 slave 机器上。Junit report 插件可以帮我们把测试结果从 xml 转换成 html，并显示在 Jenkins 上。

也就是说，我们可以使用 Jenkins 的 Web 页面，以 job 的形式管理和运行各种各样的脚本，包括测试脚本。

7.2.2　Jenkins 的安装

Jenkins 主要是从官网或者镜像站下载。这里下载的是 war 包，它的使用比较简单，镜像站中的 mirrors.jenkins-ci.org/war/latest/ 地址可以下载到 jenkins.war 这个包。

安装方面，war 包是免安装的。我们只需要在命令行里打开存放这个包的路径，然后使用以下命令启动 Jenkins 就可以了。

```
java -jar jenkins.war
```

然后，打开浏览器，输入地址 http://localhost:8080/ 经过一番等待后，正常的话就会看到如图 7-1 所示的界面。

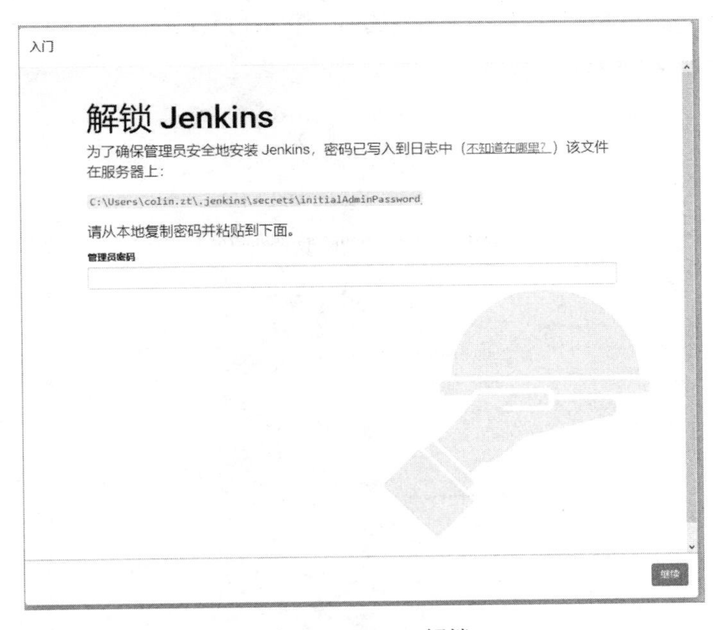

图 7-1　Jenkins 解锁

这里，我们按照提示，打开指定的文件，输入管理员密码，然后单击“继续”按钮。Jenkins 这时应该跳转到下载插件的页面，如图 7-2 所示。

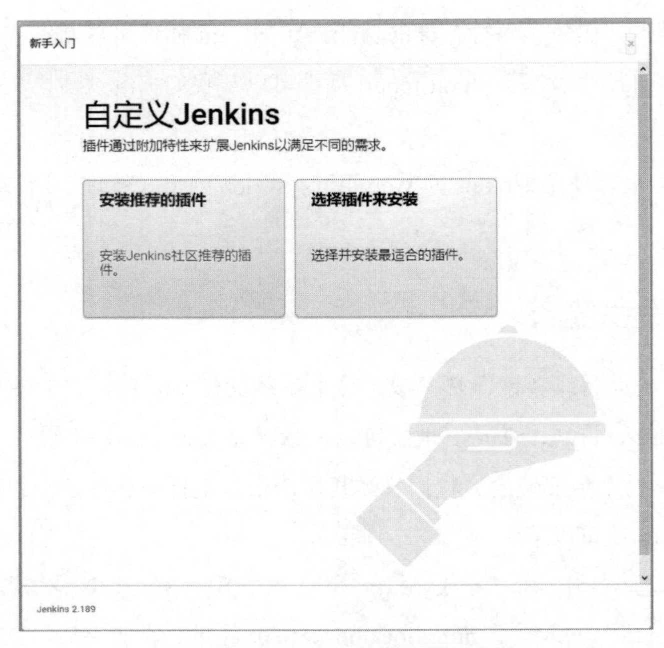

图 7-2　Jenkins 安装时的插件下载

在这个页面上，选择“选择插件来安装”选项，然后在后续页面上选择“无”（位置在图 7-3 所示方框中），再单击“安装”按钮。

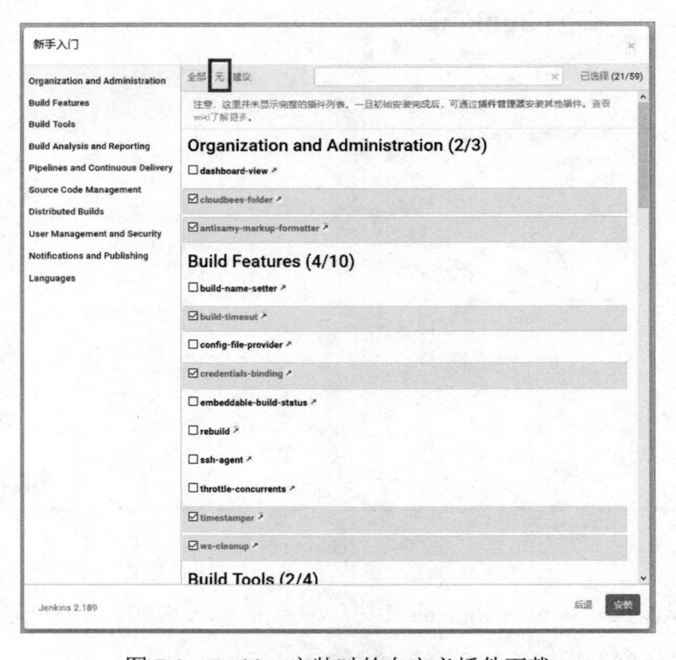

图 7-3　Jenkins 安装时的自定义插件下载

这里可以不下载任何插件来完成 Jenkins 的安装，在后面可以在插件管理页面进行安装和删除等管理操作。

而如果在进入 Jenkins 界面时，网络连接失败（有些网络经常遇到这个现象），则会显示如图 7-4 所示的界面：

图 7-4　Jenkins 安装时的插件下载服务器连接失败

在这个页面上，我们选择“跳过插件安装”即可完成安装过程。后续仍然可以在插件管理页面对插件进行下载安装，也可以通过手动安装等其他方式来安装插件。

接下来显示如图 7-5 所示的页面：

图 7-5　创建 Jenkins 的管理员用户

在这里，Jenkins 要求我们创建第一个管理员用户，用户名输入 Username，密码 Password，确认密码 Confirm password，全名 Full name。这里，我们可以依次这样输入：

```
Username: admin
Password: admin
Confirm password: admin
Full name: admin
```

单击“保存”按钮进入图 7-6 所示的界面。

图 7-6　Jenkins 的实例配置界面

保持默认值不改变，直接单击“保存并继续”按钮，如图 7-7 所示。

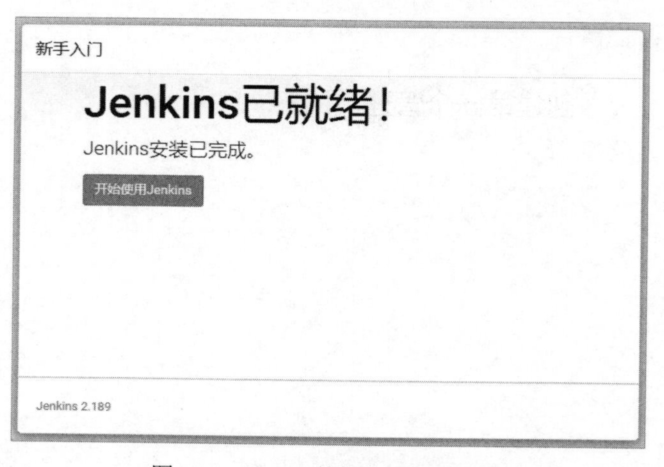

图 7-7　Jenkins 的初次配置已就绪

看到这个界面就表示安装和初次配置已经成功了，单击“开始使用 Jenkins”按钮后，进入 Jenkins 首页，如图 7-8 所示。

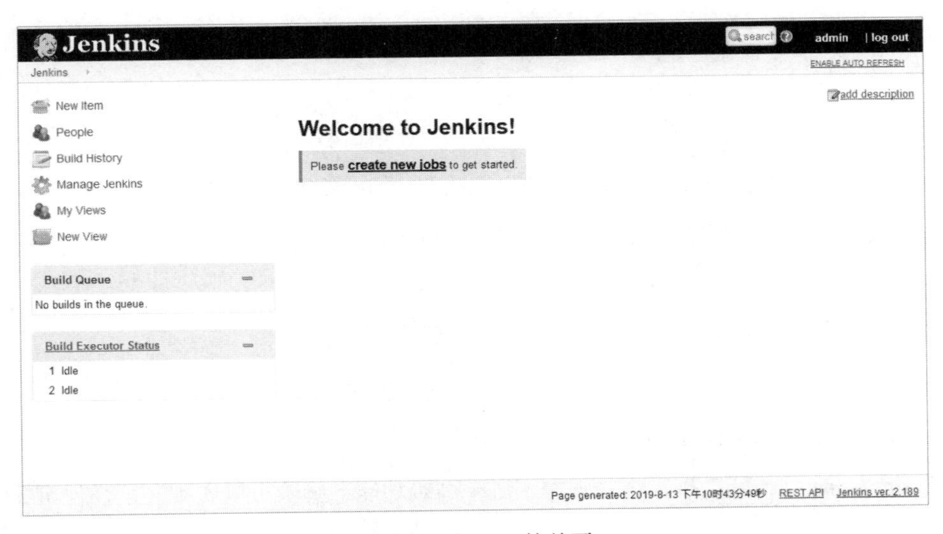

图 7-8　Jenkins 的首页

7.2.3　Jenkins 的插件下载和配置

从 Jenkins 首页中，我们要关注这几个链接：中间最大的 create new jobs 是用来创建新的 job 的。左边的 New Item（中文版为“新建任务”）也是起到同样的作用。左边 Manage Jenkins 中可以对 Jenkins 做配置。我们第一次使用 Jenkins 的话，需要下载一些插件，那么单击页面左侧的 Manage Jenkins 链接，进入 Jenkins 管理页面，如图 7-9 所示。

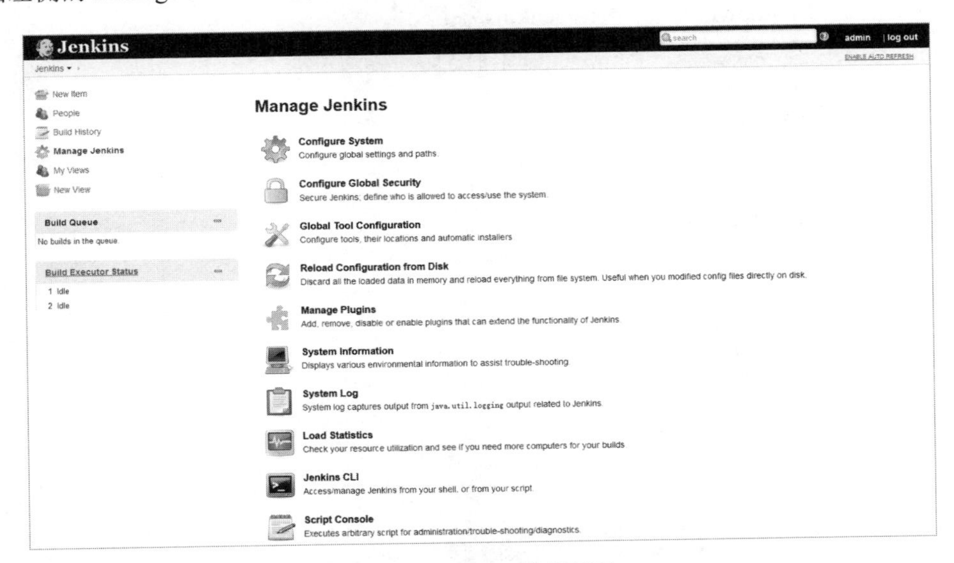

图 7-9　Jenkins 管理页面

这个页面上显示的都是管理相关的功能，简单介绍一下。

- Configure System：系统配置，针对一些全局参数的设置。

- Configure Global Security：安全配置，定义哪个功能可以用这个 Jenkins。
- Global Tool Configuration：全局工具配置，用于配置 maven、JDK 之类的工具，这里的配置对整个 Jenkins 生效。
- Reload Configuration from Disk：重置配置信息，以磁盘上存储的配置为准。
- Manage Plugins：添加、删除，或者禁用、启用插件，这个功能是最常用的。
- System Information：展示 Jenkins 系统的一些属性。
- System Log：可以看 Jenkins 本身的日志。
- Load Statistics：可以看到 Jenkins 的负载情况的图表。
- Jenkins CLI：Jenkins 命令行工具的帮助信息。
- Script Console：可以执行一些脚本。属于高级功能，脚本可以做到几乎任何事情。
- Manage Nodes：管理节点，节点包括 master 和 slave。maser 就是指我们安装 Jenkins 的这台电脑，而 slave 则是 master 可以管理的其他电脑，可以把其他电脑设置成 Jenkins 的 slave，从而在 slave 上运行 job。
- About Jenkins：显示版本和证书信息。
- Manage Old Data：可以管理和删除一些过期数据。
- Install as Windows Service：用来把 Jenkins 注册成 Windows 服务。
- Manager Users：用户管理。
- Prepare for Shutdown：用来关闭 Jenkins 系统。

这里，我们选择“Manage Plugins”选项进入插件管理页面，如图 7-10 所示。在这个页面上我们可以下载 Jenkins 的插件。

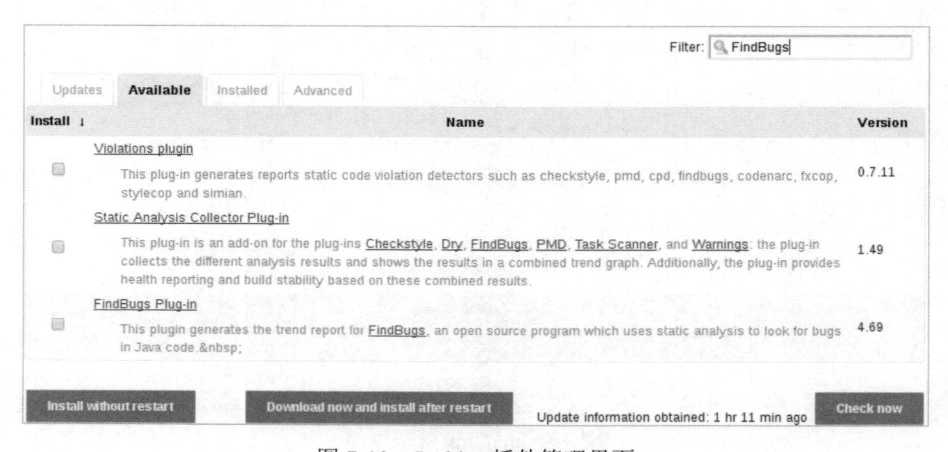

图 7-10　Jenkins 插件管理界面

选择左侧 Install 选项列下的选择框，然后单击最下面的“Install without restart”按钮即可安装插件。如果进入这个页面之后看到的是空列表，那么说明网络出问题了，连接不上插件服务器。此时需要手工安装插件，选择上方 Advanced 标签页，会跳转到如图 7-11 所示的安装界面。

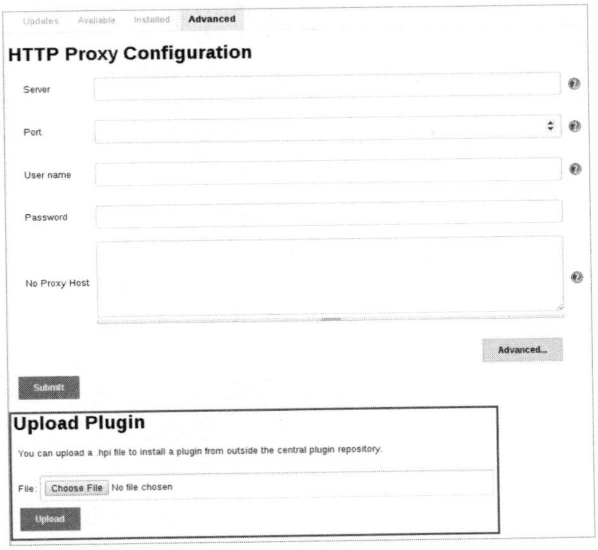

图 7-11　Jenkins 插件手工安装界面

在这个界面中，我们作为 Jenkins 管理员，可以手动上传预先下载好的 .hpi 文件，并在重启 Jenkins 后生效，这样就可以手动安装插件了。一般，手动安装相对比较麻烦，还是选择插件列表里的插件来安装。对初学者说，在安装 Jenkins 时提供的“建议的插件”是学习 Jenkins 的一个很好的开始。

除了手动安装插件以外，笔者的电脑上通过修改 Update Site 的 URL，也成功获取到了插件列表，具体步骤是，在 Jenkins 插件手动安装界面上修改 Update Site 的 URL。

如图 7-12 所示，从 https://updates.jenkins.io/update-center.json 修改为 http://updates.jenkins.io/update-center.json，也就是把 https 改为 http 即可。这是因为 Jenkins 官方的插件下载网站的证书有问题，改为 http 后不需要证书即可使用。此外，如果网速仍然缓慢，可以改为镜像站点下载。

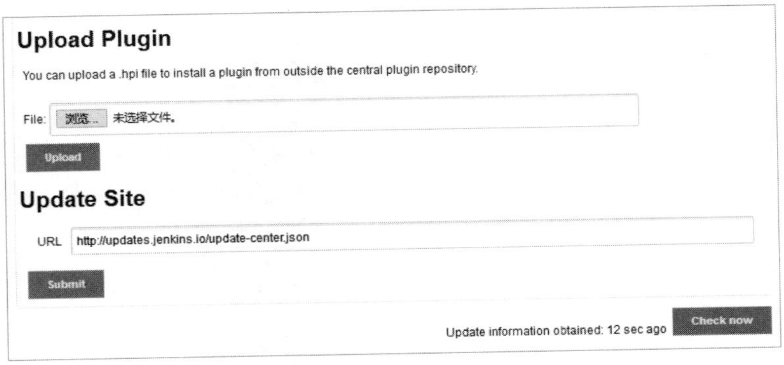

图 7-12　Jenkins Update Site 的 URL 可修改

这样，插件下载界面的“Available”选项卡中即可下载我们要用的插件。

以下是一个常用插件列表，重要的内容已在列表中标出。

```
Local
Localization: Chinese (Simplified) 这个是本地化插件，想要中文界面就必选
Folders
OWASP Markup Formatter
Build Timeout
Credentials Binding
Timestamper
Workspace Cleanup
Maven Integration
Pipeline
GitHub Branch Source
Pipeline: GitHub Groovy Libraries
Git 这个是Git插件，注意filter会过滤出很多和git有关的插件，其中只有一个叫Git的
Subversion 支持svn的插件，如果你不用svn可以不装
SSH Slaves
Matrix Authorization Strategy
PAM Authentication
LDAP
Email Extension
GitLab
Ansible
SaltStack
Parameterized Trigger
Build Pipeline
Build Authorization Token Root
```

如图 7-13 所示，我们依次在右上角 Filter 文本框中输入插件的名称，然后在下面列表中的选项框中打勾，如果有不确定的可以跳过。因为如果发现某个功能有问题，还可以返回来重新搜索插件。设置完列表中的所有插件，单击左下角“Install without restart”按钮，Jenkins 即可逐个安装插件。

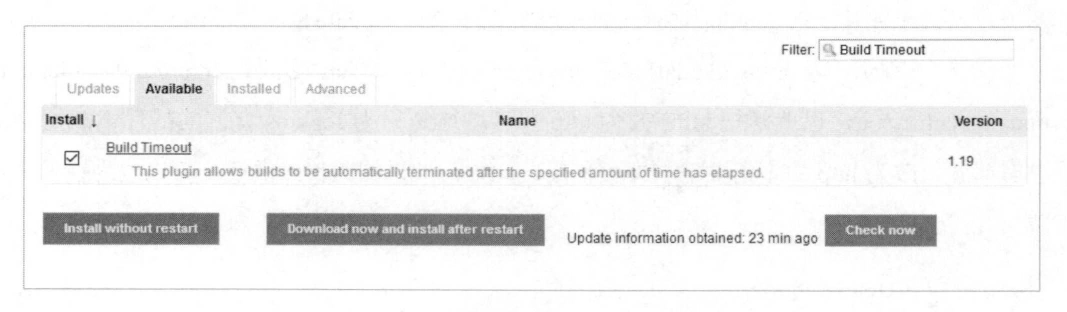

图 7-13　搜索并勾选插件后一起下载

这里的下载不一定会成功，如图 7-14 所示的插件即为下载失败，对于下载失败的插件，我们可以尝试重复上面的步骤再次下载，或者选择手动安装。

图 7-14　Jenkins 插件下载中

7.2.4　Jenkins 上创建运行一个 jobs

首先，我们在 Jenkins 首页上单击左侧“New Item”或者“新建任务”按钮，进入如图 7-15 所示的 Jenkins job 创建界面。

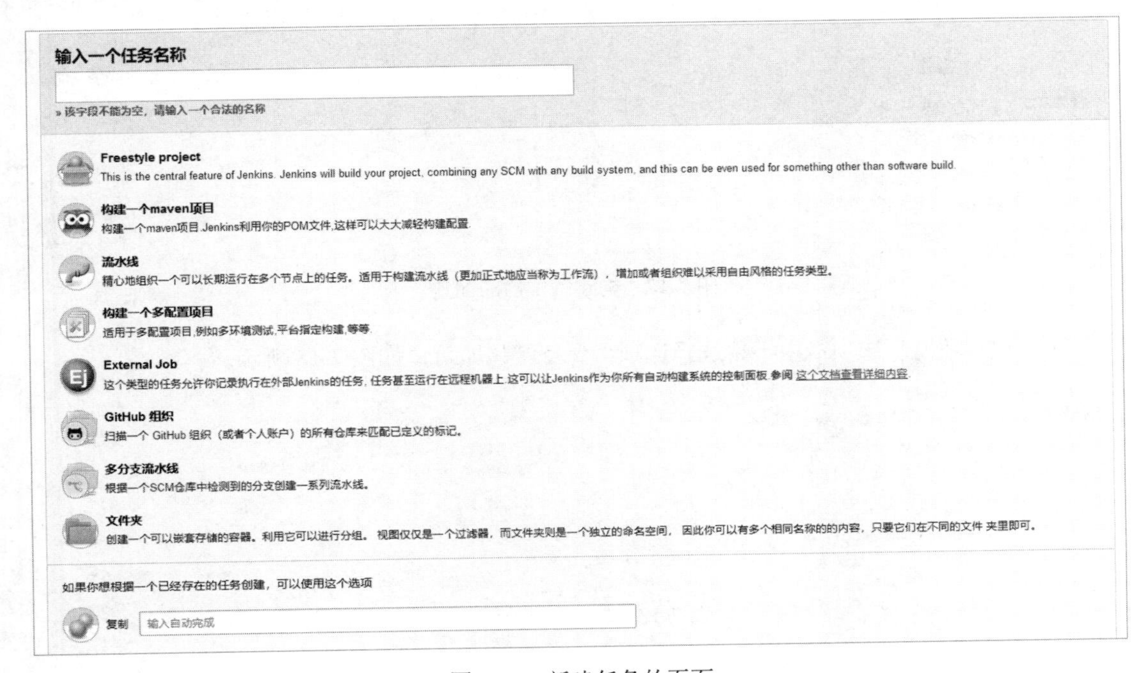

图 7-15　新建任务的页面

这里可以输入 job 的名称为 job001，并选择类型为“构建一个自由风格的软件项目”或者是“Freestyle project”。注意这里可以选择的类型和我们安装的插件有关，如果你的 Jenkins 中的类型比较少，说明缺少相应的插件。有时由于本地化插件的版本出错，也会显示一些英文在界面上，如图 7-16 所示。

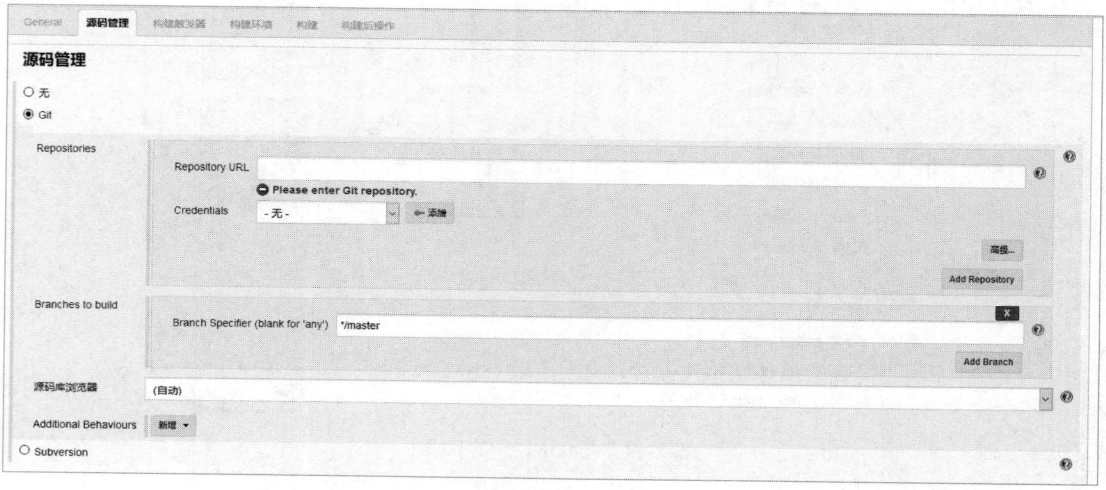

图 7-16　界面上显示部分英文

这里，可以输入以下代码：

```
Repository URL 为：https://github.com/TestUpCommunity/TUGithubAPI.git,
Branch Specifier (blank for 'any') 为：*/teach_011
```

在“构建触发器”选项卡中不用选择选项，保持默认即可，如图 7-17 所示。

图 7-17　构建触发器的配置

在“构建环境”选项卡中不用选择选项，保持默认即可，如图 7-18 所示。

图 7-18　构建环境的配置

其中重要的设置项有以下几个：

（1）如果要定时执行任务，则选择 Build periodically。

（2）如果要处理 post commit hook，做到每次提交代码到指定分支都触发 job，则选择 Poll SCM。

这里，选择 Add timestamps to the Console Output 选项框，为 job 执行日志加上时间戳，如图 7-19 所示。

图 7-19　构建步骤的配置

这里在“增加构建操作步骤”下拉按钮中选择“Execute shell”选项才能看到图 7-19 中的命令窗口，在命令窗口中输入 echo"hello world" 来完成我们的第一个 job。要在 Windows 系统上使用 execute Shell，前提是要先在 Windows 系统中安装 shell。这里 shell 最简单的安装方式是先安装 git，然后把 git 安装目录中的 bin 目录加到系统环境变量中。最后单击下方的“保存”按钮。系统会自动跳转到图 7-20 所示的页面。

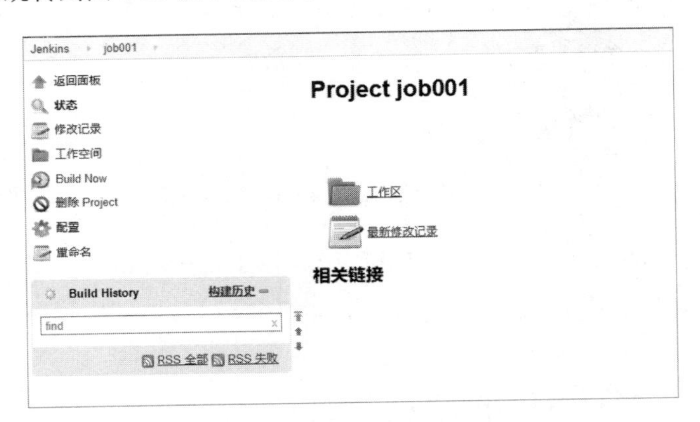

图 7-20　新建的 Jenkins job 界面

在这里，选择 Build Now 选项即可开始执行这个 job，在刚才的配置中，我们先从 Github 上 clone 了一个接口测试项目，然后让脚本运行一个程序“hello world”。运行一个 job 也叫作触发一个 job，如图 7-21 所示。

图 7-21　新建的 Jenkins job 触发后

这个 Jenkins job 触发后，屏幕左侧出现 Build History 界面，单击序号 #1 前闪烁的圆球进入控制台日志显示界面如图 7-22 所示。如图 7-21 所示由于笔者触发了两次 job，所以当前闪烁的是 #2 号 Build。一个 job 每一次运行的记录，称为一个 Build，这里显示的数字称为 Build ID。

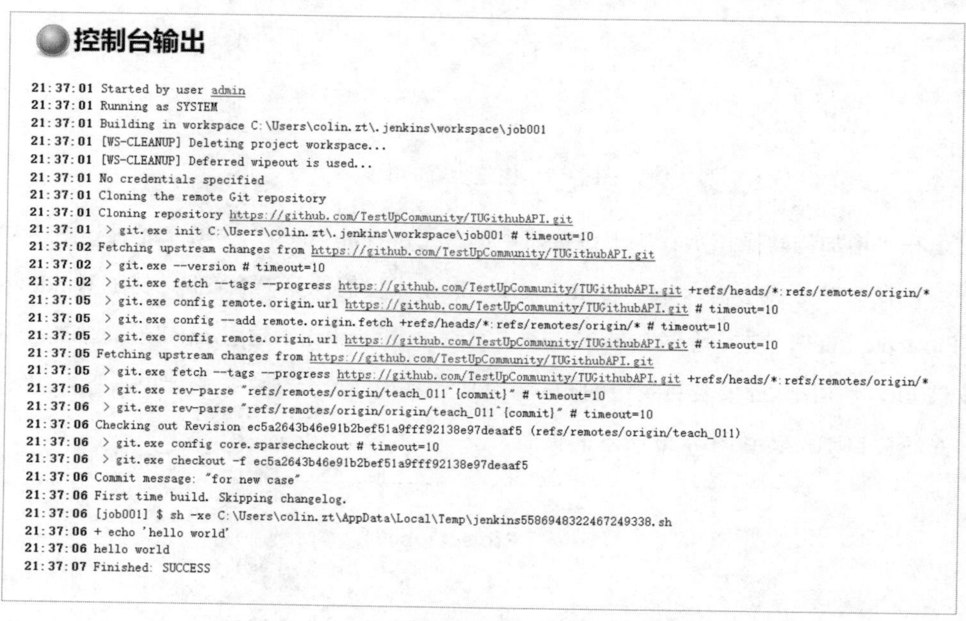

控制台输出

```
21:37:01 Started by user admin
21:37:01 Running as SYSTEM
21:37:01 Building in workspace C:\Users\colin.zt\.jenkins\workspace\job001
21:37:01 [WS-CLEANUP] Deleting project workspace...
21:37:01 [WS-CLEANUP] Deferred wipeout is used...
21:37:01 No credentials specified
21:37:01 Cloning the remote Git repository
21:37:01 Cloning repository https://github.com/TestUpCommunity/TUGithubAPI.git
21:37:01  > git.exe init C:\Users\colin.zt\.jenkins\workspace\job001 # timeout=10
21:37:02 Fetching upstream changes from https://github.com/TestUpCommunity/TUGithubAPI.git
21:37:02  > git.exe --version # timeout=10
21:37:02  > git.exe fetch --tags --progress https://github.com/TestUpCommunity/TUGithubAPI.git +refs/heads/*:refs/remotes/origin/*
21:37:05  > git.exe config remote.origin.url https://github.com/TestUpCommunity/TUGithubAPI.git # timeout=10
21:37:05  > git.exe config --add remote.origin.fetch +refs/heads/*:refs/remotes/origin/* # timeout=10
21:37:05  > git.exe config remote.origin.url https://github.com/TestUpCommunity/TUGithubAPI.git # timeout=10
21:37:05 Fetching upstream changes from https://github.com/TestUpCommunity/TUGithubAPI.git
21:37:05  > git.exe fetch --tags --progress https://github.com/TestUpCommunity/TUGithubAPI.git +refs/heads/*:refs/remotes/origin/*
21:37:06  > git.exe rev-parse "refs/remotes/origin/teach_011^{commit}" # timeout=10
21:37:06  > git.exe rev-parse "refs/remotes/origin/origin/teach_011^{commit}" # timeout=10
21:37:06 Checking out Revision ec5a2643b46e91b2bef51a9fff92138e97deaaf5 (refs/remotes/origin/teach_011)
21:37:06  > git.exe config core.sparsecheckout # timeout=10
21:37:06  > git.exe checkout -f ec5a2643b46e91b2bef51a9fff92138e97deaaf5
21:37:06 Commit message: "for new case"
21:37:06 First time build. Skipping changelog.
21:37:06 [job001] $ sh -xe C:\Users\colin.zt\AppData\Local\Temp\jenkins5586948322467249338.sh
21:37:06 + echo 'hello world'
21:37:06 hello world
21:37:07 Finished: SUCCESS
```

图 7-22　新建的 Jenkins job 的运行日志

在控制台输出的 job 运行日志中，我们可以看到，Jenkins 成功地使用 git 插件 clone 了我们的项目代码，并在屏幕上显示输出了 hello world。

7.2.5　Jenkins 上运行接口测试

首先，我们按照 7.2.4 节的操作来创建一个新 job，名为 job002，这次在“源码管理”中直接选择“无”选项，因为我们要用命令行来完成所有操作。其他设置都一样，而在命令窗口中的命令改为如下代码：

```
export token=xxxxx#请把 xxxx 改为真实 token
export env=test_env

rm -rf TUGithubAPI
rm -rf TUGithubAPITest
git clone https://github.com/TestUpCommunity/TUGithubAPI.git
git clone https://github.com/TestUpCommunity/TUGithubAPITest.git
cd TUGithubAPI
git checkout teach_011
cd ..
cd TUGithubAPITest
git checkout teach_011
cd ..
cd TUGithubAPITest/api_test/
pytest
```

这些 shell 命令分别 clone 了第 6 章中接口测试项目实战的两个子项目，并运行了其中 TUGithubAPITest/api_tests 目录下的三个测试用例。

运行结果的控制台输出代码如下：

```
22:26:00 Started by user admin
22:26:00 Running as SYSTEM
22:26:00 Building in workspace C:\Users\colin.zt\.jenkins\workspace\job002
22:26:00 [job002] $ sh -xe C:\Users\colin.zt\AppData\Local\Temp\jenkins7537432380353819667.sh
22:26:00 + export token=fa2377b3bc69cc2e6fd53a368485867ebc642c8f
22:26:00 + token=fa2377b3bc69cc2e6fd53a368485867ebc642c8f
22:26:00 + export env=test_env
22:26:00 + env=test_env
22:26:00 + rm -rf TUGithubAPI
22:26:00 + rm -rf TUGithubAPITest
22:26:01 + git clone https://github.com/TestUpCommunity/TUGithubAPI.git
22:26:01 Cloning into 'TUGithubAPI'...
22:26:06 + git clone https://github.com/TestUpCommunity/TUGithubAPITest.git
22:26:06 Cloning into 'TUGithubAPITest'...
22:26:09 + cd TUGithubAPI
22:26:09 + git checkout teach_011
22:26:09 Branch 'teach_011' set up to track remote branch 'teach_011' from 'origin'.
22:26:09 Switched to a new branch 'teach_011'
22:26:09 + cd ..
22:26:09 + cd TUGithubAPITest
22:26:09 + git checkout teach_011
22:26:09 Branch 'teach_011' set up to track remote branch 'teach_011' from 'origin'.
22:26:09 Switched to a new branch 'teach_011'
22:26:09 + cd ..
22:26:09 + cd TUGithubAPITest/api_test/
22:26:09 + pytest
22:26:10========================test session starts ==============================
22:26:10 platform win32 -- Python 3.7.4, pytest-5.0.1, py-1.8.0, pluggy-0.12.0
22:26:10 rootdir: C:\Users\colin.zt\.jenkins\workspace\job002\TUGithubAPITest\api_test
22:26:10 collected 3 items
22:26:10
22:26:10 test_01_repos.py ...                                        [100%]
22:26:11
22:26:11==================== 3 passed in 1.70 seconds ======================
22:26:12 Finished: SUCCESS
```

其中“3 passed in 1.70 seconds”即为测试结果。

最后，我们为这个 job 添加图形化的测试报告，首先在“构建后的操作”选项卡中添加“Publish Junit test result report”选项，在“测试报告”文本框中输入“TUGithubAPITest/api_test/output.xml”，如图 7-23 所示。

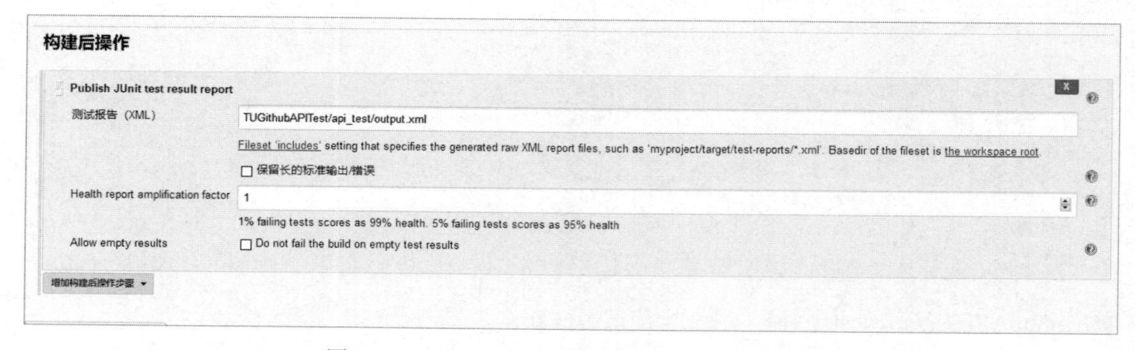

图 7-23　设置 Publish Junit test result report 选项

然后把命令窗口的最后一行修改为如下代码：

```
pytest --junitxml=output.xml
```

再次运行 job002，单击“最新测试结果”选项，如图 7-24 所示。

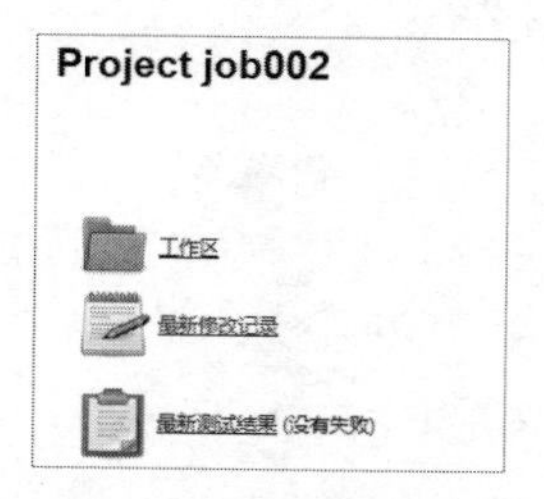

图 7-24　Jenkins job 界面上新出现了“最新测试结果”选项

或使用下面链接，出现图 7-25 所示的界面。

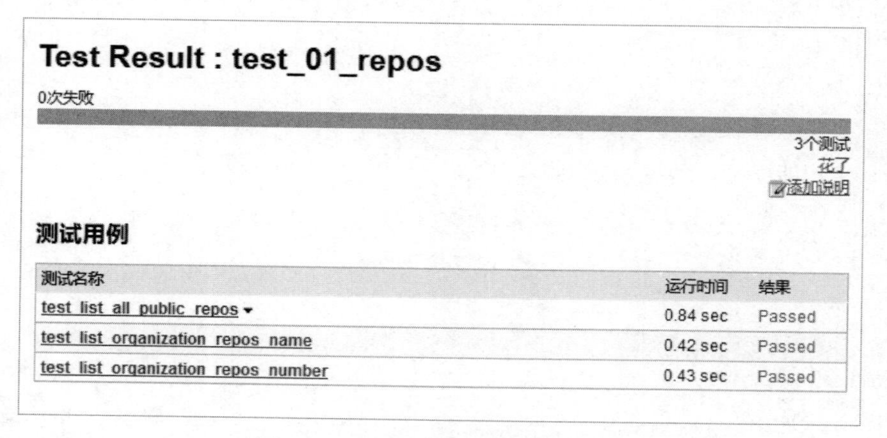

图 7-25　Jenkins 上的测试报告展示

第 8 章 云计算时代的自动化测试

8.1 云计算简介

有一则关于云计算的小笑话：

一位刚毕业的学生在商店打工，不带计算器，抬头望天，心算找零。顾客大为惊讶，纷纷掏出计算器验证，皆无误，也抬头望天，惊恐地问："这就是云计算？"

到底什么是云计算，这个问题是最常被人问起的。

8.1.1 什么是云计算

云计算的概念被提出已经很多年了，早在 2006 年，谷歌首席执行官埃里克•施密特首次提出"云计算"一词（Cloud Computing），而其概念甚至可以追溯到 1983 年 Sun 公司提出的"网络即电脑"。

至今，云计算的概念被不断扩展我们时常听说一些专有名词或缩写"公有云""私有云""混合云""IaaS""PaaS""SaaS"等，又听说各种技术都与云计算有关，"虚拟化""分布式""云存储""网格计算"，还经常见到各种云上产品，"云网盘""云 OS""云测试""云音乐""云笔记"。这么多复杂的概念，不禁要让我们也抬头望天，提出心中的疑问"到底什么是云计算？"

8.1.2 自来水厂和云计算

有一个小村子，自古以来家家户户都在自己的院子里打了井。每天，村民们各自用水桶从井里打水喝。这个时候，他们打水如图 8-1 所示。

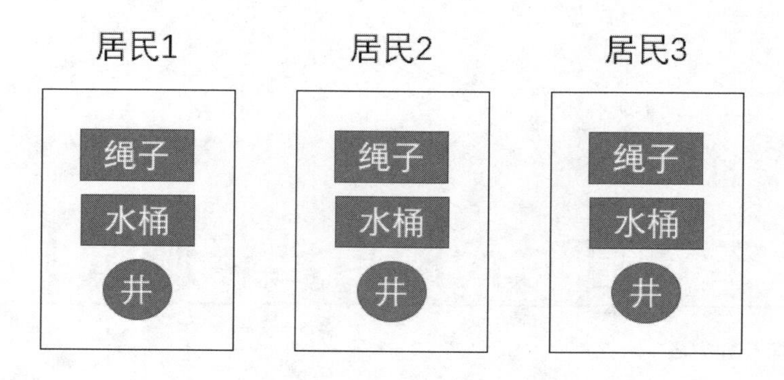

图 8-1　家家户户自己挖井打水

后来，村子富裕了，建造了很多新房子。于是有人提出：“为什么我们不建造一个水库，大家都从水库里打水呢，以后就不用每次都打新的井了”。于是，村里建造了一个水库，村民们开始每天用水桶去水库打水，如图 8-2 所示。

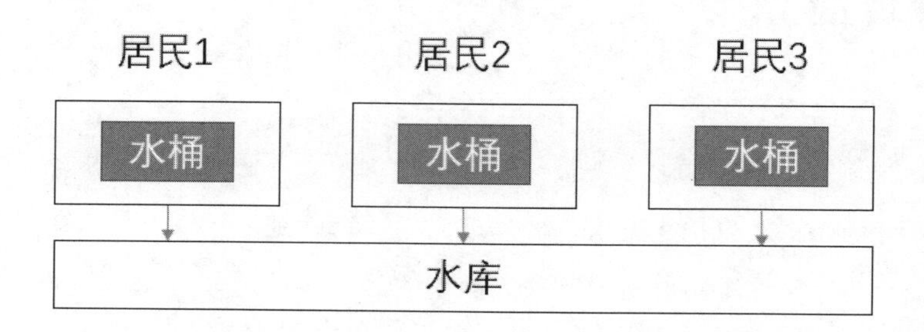

图 8-2　家家户户从水库打水

又过了一段时间，村里人发现村子规模越来越大，去水库打水变得很不方便。这时，有人说：“可不可以建造一个自来水厂呢，这样就不用自己去打水了”。很快，自来水厂也建好了，村民们只需要在家里拧开水龙头就可以接水了，如图 8-3 所示。当然，用了多少水，水表上会有记录，这可都是要付水费的。

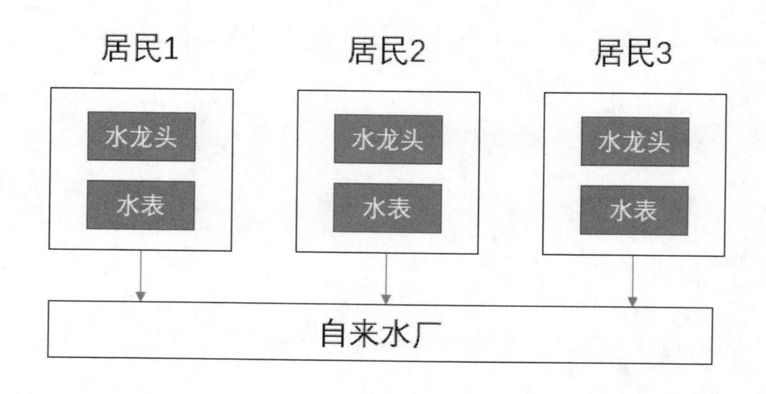

图 8-3　家家户户用上了自来水

8.1.3　厉害的自来水厂和云计算

最初的村子里，大家都自己打井，自己打水，这个就是传统的 IT 架构。各家各户都过着自给自足的生活，可能你打的井够很多人喝水，但家里只有两三口人，那么多出来的水，也就浪费了。而打井的花费是比较大的，也比较费时间。就像我们每个项目组都要购买服务器，买大了浪费，买小了不够用，采购也很费时间。

之后村子里改用了水库，但家家户户还得自备水桶，每天花力气去打水。得到的好处是水库的水比较多，足够全村人来喝，也不需要再打新的井。这个水库就是一个 IaaS 平台。IaaS（Infrastructure as a service）基础设施即服务，这个平台会提供硬件相关的服务，用户只需付费即可使用。以前如果要建一个网站，可能要购买服务器和交换机等设备，但现在，只要找 IaaS 服务商，就可以不用自己买了。

而最后村子里建造了自来水厂。这个自来水厂就厉害了，水厂本身也提供了和硬件相关的服务，它会负责从水库或者其他水源里取水。它不但有水库的 IaaS 功能，还在之上拓展了两层：PaaS 和 SaaS，如图 8-4 所示。

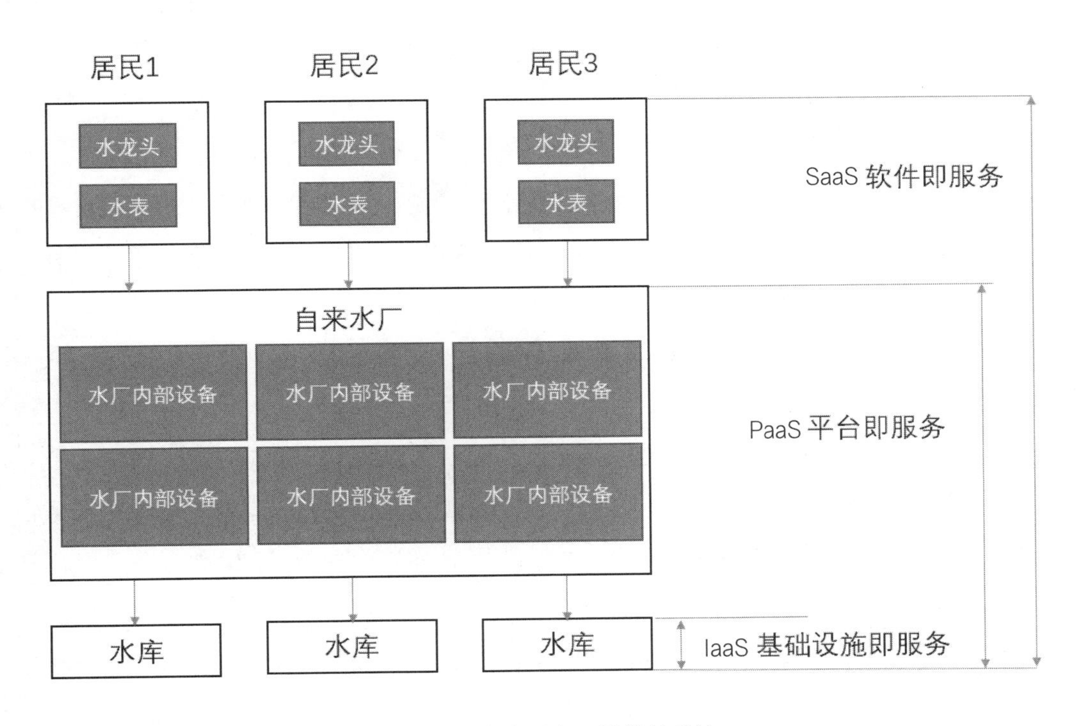

图 8-4　自来水厂和云计算的类比

PaaS（Platform as a service）平台即服务，平台层也叫作中间件。它向下和硬件相连，向上和应用软件相连。PaaS 的服务上可以提供虚拟服务器和操作系统、数据库系统等各种开发和分发应用的解决方案。

而在最上面的就是 SaaS（Software as a service）软件即服务，这一层是和最终用户息息相关的一层。对于我们这个厉害的自来水厂来说，它的用户需要的就是水，而用户只要拧开水龙头这个应用程序，就会得到水，并且用了多少水还会被水表记录下来，真是用多少水就花多少钱，一点也不会浪费。

这个厉害的自来水厂，就这样实现了云计算的一个目标：按需自助服务。同时，自来水厂铺设的水管，使用户在家就可以使用，再也不用亲自去打水，也就是说，实现了第二个目标：资源可以被远程访问。最后，和水龙头一起运行的水表又完成了第三个目标：按需计费。

另外，如果自己村自己建自来水厂，那就是私有云。直接购买别人建的自来水厂的水，就是公有云。自己村建了自来水厂的同时，也购买别人自来水厂的水，那就是混合云。对于大公司来说，常常会选择私有云或混合云，而小公司则一般选择公有云。

8.2 自动化测试和云计算

在云计算的时代，自动化测试的重要性变高了。本节和大家探讨一下自动化测试和云计算的关系，会出现哪些变化，以及我们该怎样学习云计算相关知识。

8.2.1 云计算会带来哪些改变

伴随着云计算技术的发展，我们的整个软件开发与测试工作都受到影响，整个项目组的开发方式也会随之发生变化。笔者过去在诺基亚公司的云平台公共服务部门，见证了整个产品“上云”的过程，随着我们的产品逐步“上云”，可以感受到：

首先，物理意义上的设备转化为云上的虚拟设备，这使得测试环境的管理方式发生了变化，由宠物式管理转换成了羊群式管理。

然后，自动化测试的脚本的执行方式也发生了变化，其触发方式由定时触发改成代码提交触发。每天测试的版本数从一两个版本提升到十几个版本。同时，待测软件的架构和实现发生了变化，动态扩容等功能成为可能，在云上可以利用云提供的组件来实现很多以前实现起来比较复杂和困难的功能。

还有，自动化测试随着“上云”和持续集成的发展，变得更加重要，手工测试完全退出了我当时的项目组。下面几个小节，我来谈谈这些改变。

8.2.2 测试环境管理的改变

首先是测试环境管理方式的改变。

在过去，我们使用宠物式管理的方式来管理测试环境，给每个测试环境起了名字，比如

Venus、Mars 等，然后我们对测试环境异常呵护。可以说，每天都要去照顾它，一会儿清理下磁盘空间，一会儿看下日志修复问题，有时升级一些软件，忙得不亦乐乎。而当测试环境“闹别扭”的时候，比如硬盘损坏了，我们毫无办法，只有去找公司 IT 部门帮忙修理，如果要买一些新的设备来搭建新的环境，更是要等上很久，走各种流程。当我们要做测试时，会提前分配好，我用这个环境，你用那个环境，要是突然工作任务多了一点，就会没有多余的环境用，可着急。像这种，对每个测试环境呵护备至的管理方式，被称为宠物式管理方式，我们把一个个测试环境当作宠物来照顾。

上了云之后，测试环境不再是宠物，而是羊群里的一头头绵羊。我们不再给绵羊们起名字了，因为它们看上去都一个样，甚至不太分得清这个环境和那个环境有什么区别。对于测试环境，我们不再亲手照顾它们，而是使用像牧羊犬一样的工具来照顾它们。如果一个测试环境出了问题，我们通常不修理，而是简单地把环境销毁掉，再重建。在云上，所有的虚拟硬件都可以随时销毁和再次虚拟重建出来。而测试环境中一些有用的数据则通过日志收集等方式被保留下来。要启用新测试环境时，我们不再需要走采购流程，只需要在云上一键就能生成一个。当然，生成环境并不免费。通常公有云按照使用的资源收费，如果使用过多，则会收到高额的账单。而私有云，则是建立在你的机房的机器上，所以私有云的机房如果不够大，资源仍旧会耗尽。因此，资源的使用仍然要有节制。也正因为这样，测试脚本的执行方式也跟着发生了变化。

8.2.3　测试脚本执行方式的改变和流水线

在过去，我们没上云的时候，测试脚本通常采用定时执行的方式。比如，我预计今天晚上要测一个什么功能，设定好 Jenkins job 让它在今天晚上执行测试。第二天，我来人工检查这个测试结果，如果有什么问题，就连到测试环境上去看看执行的环境有没有问题。

为什么这样呢？因为我们可能好几个人共用一套测试环境，每个人划分好了使用的时间段。比如今天我用这个环境，用到明天中午给你用。在这期间，代码可能出不了什么新版本，也可能是代码出了新版本之后，团队才约定这个版本的测试执行所需时间。由于测完了之后，环境还是我在用，我可以连上去检查一些出错的脚本的错误原因。这个时期，我们对测试脚本的执行是很慢的。

而后来上了云之后，这也发生了变化。首先待测软件的迭代速度加快，不断出新版本。每个都要测，有的版本简单测，有的版本要详细测。然后使用公有云的资源要付费，使用私有云的资源要防止资源耗尽。所以，测试执行时使用资源必然会省着用。

这一时期出现了一种新的测试脚本执行方式：由某个条件触发一条 pipeline 或者叫作流水线，表示一系列的自动化工作。然后，环境依托于流水线，在执行到建环境的时候创建环境，在执行完毕后销毁环境。

一条常见的流水线可能是这样的：软件代码合入某个特定分支→触发了一个流水线开始执行的请求→流水线开始执行→流水线把代码从仓库中取出→编译代码→执行单元测试→执行代码扫描→开始部署→创建部署用的测试环境→部署→执行集成测试→执行系统测试→销毁测试环境→结束。

这其中每一步都是自动化来做的，包括各种测试和部署。其中一些步骤的失败，会导致整个流水线提前结束。其中每一个步骤执行所产生的日志都会被统一收集起来，以便开发和测试人员在环境销毁后，仍然可以定位问题。这种测试脚本执行方式的改变和流水线的引入，使得整个测试执行变得更加紧凑。但是，因为环境会被销毁，这对开发和测试都提出了巨大的挑战，即我们必须看足够多的日志，使得从日志定位问题成为可能。

再说一下流水线的实现方式，主要有自研，使用开源工具，使用云平台提供的流水线功能这几种方式。比如阿里云提供了 code pipeline，AWS 云提供了 data pipeline，等等，各大云平台都有这种功能提供。而如果使用私有云，则必须自研或使用开源工具了。开源工具中做 pipeline 的代表仍然是 Jenkins。公司级别使用，也可能购买 Jenkins 的付费版 cloudbee。最新版的 Jenkins 和 cloudbee 上都附带了强大的 pipeline 的支持功能。可以用 groovy 脚本扩展 pipeline 的公共库，来自己实现各种功能。至于自研工具，则多见于大公司，全部用自己的人研发一套新的 pipeline 系统，有的大公司，每个部门都会自己研究一套 pipeline 系统。

有了 pipeline 之后，测试的执行变得更紧凑了，在我以前公司，我们很多人的测试任务在系统里排队（因为我们用的是私有云，资源有限不得不排队），然后大家轮流使用云上资源创建自己的流水线来完成各自所负责的功能的部署和测试。虽然不是说每个“上云”的公司都一定会上流水线，但通常我们认为 pipeline 往往是“上云”之后引入的重大改变之一。至于“上云”之前，因为测试环境往往是手工管理的，做 pipeline 意义不大，测试执行的效率也没那么大。有了流水线之后，大家排队执行自己的流水线，这对测试自动化的要求进一步提高了。不但要求把测试做成自动化的，更要能写出高质量的测试脚本。

具体来说，一个 case 的失败尽量不要影响其他。在过去，因为环境是一个人用的，影响了重跑一遍就是。在云上，很多人等着用环境，每一次执行都要产生费用。当然了，总的来说花费在设备上的成本还是会比上云前要低。

8.2.4 如何学习云计算平台的使用

学习云平台使用的最好方式，就是真正去使用一个云平台。公有云里比较推荐使用的云服务商，国内的以阿里云为首，国外的以 AWS 为首。私有云则比较推荐学习 OpenStack。当然 OpenStack 的学习成本较高，需要准备物理机器，并在其上安装 OpenStack 系统。然后 OpenStack 本身是一个两三百万行代码级别的 Python 项目，其涉及面非常广，因而学习难度较高。国内做 OpenStack 最有名的就是华为了。

以阿里云为例，打开它的首页就可以看到阿里云提供的各种云服务的列表，有弹性计算、数据库、域名和网站、网络与存储、物联网与云通信、云安全、大数据与人工智能、企业应用服务等。其中不同的服务都有不同的报价，虽然我们想学习这些服务，但一般来说，个人用户不会去购买一些昂贵的服务来学习，负担不起，也没有必要。同时，另一个学习上的难点是这些云服务的开发速度极快，公有云服务商不断在推出新功能。

那么我们在学习的时候一般来说，要抓住两点：第一，要学会看帮助文档。针对每个服务，阿里云、AWS 云等都有提供详细的帮助文档。通过阅读帮助文档，能使我们很快弄懂某一项服务到底可以做什么。第二，个人可以从一些常用且便宜的服务上做试用，比如阿里云的云服务器 ECS 服务，来了解云平台的组件和使用方式。

笔者使用过 AWS 云的十几种服务组件，其学习方式大都是一样的：首先阅读一下官方文档，然后在官网登录后的管理界面里找到这个服务，再使用管理界面去创建这个服务的实例，接着按照帮助文档的描述去管理和使用这个服务。同时，云平台的大多数服务都会提供自动化的支持，也就是提供 api 接口。而且，云平台往往会提供多种 API 调用方式。比如 AWS 云平台提供了 AWSCLI 命令行工具，可以在 AWS 的云服务器上通过代码输入来调用接口。同时 AWS 还提供了 Java、Python 等各种语言的 SDK，通过写这些语言的代码来调用接口。

阿里云也是大致提供了各种语言的接口，包括命令行接口和 http 接口等。这些接口的文档，在云平台的官网首页直接搜索就可以找到，比如在阿里云首页搜索“ECS API”可以找到 ECS 的接口文档。至于私有云，也都会提供各种接口，比如 OpenStack 的各种组件都提供了 http 接口。

云平台的这些接口和我们之前学习接口测试时调用的那些接口没有什么不同，都是一样的。它们用各种网络协议给服务器发信息。我们使用前面做接口测试时调用接口的方法就可以去调用云平台的接口，以此来实现很多自动化的工作。我目前的日常工作就会使用 Python 去调用 AWS 云提供的各种接口来做自动化。这里面有自动化测试，也有其他的自动化工作，比如自动化部署、自动化发布、自动化触发和执行整个 pipeline 等。

第 9 章

自动化测试相关技术演进方向

9.1 DevOps 简介

我觉得提到自动化测试技术的演进和发展方向有很多，但其中 DevOps 应该算是门槛不高，我们通过学习都可以掌握的那种。

9.1.1 什么是 DevOps

DevOps 其实是两个词的组合，即 Development 和 Operations，意味运维及开发。但其实，DevOps 中有三个概念如图 9-1 所示，剩下一个没放进名字里去的概念就是测试了。

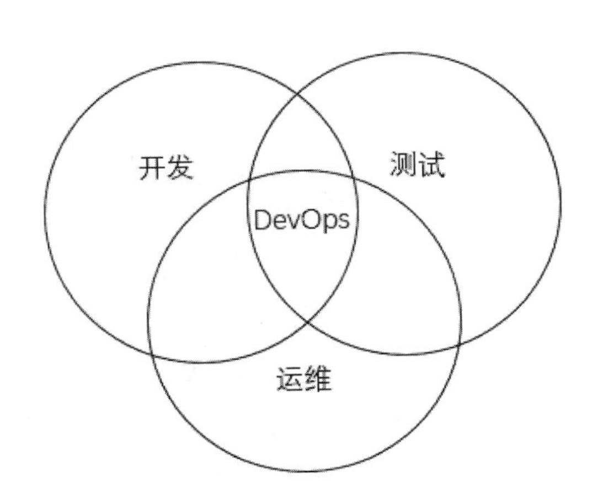

图 9-1　DevOps 概念图

如图 9-1 所示，开发、测试、运维三者的交集就是 DevOps。一般来说它并不是一个具体的岗位，而是一种开发方式，或者叫作技术氛围，也就是开发、测试、运维紧密结合的工作方式。在一个使用 DevOps 概念的项目组中，工程师们原本的角色会逐步淡化，项目组的成员既要做开发，又要做测试，还要做运维。每个组员要做这么多类型的工作，就会提高对组员的要求，不仅要掌握以前熟悉的技术，还需要了解更多其他方面的知识。因此，目前大多数公司的 DevOps 都还没发展到这一步，其发展还有很多难点。

既然这么困难，为什么要做 DevOps 呢？为了提高工作效率，随着敏捷开发概念逐步替代了瀑布式开发，互联网公司们往往选择快速迭代的方式来发布新版本。而发布新版本的节奏越快，就需要做越多的自动化工作，这里会用到之前提到过的 pipeline 工具来适应快节奏的发布。为了应对快速迭代的要求，出现了很多新概念。

- 灰度发布：意为在发布一个新版本时，先给一部分用户推送新版本，观察用户反馈，再逐步发布给全部用户。
- A/B Test：意为对同一个功能开发 A、B 两个版本、两种实现，这两种实现可以有不同的设计，通过观察用户反馈来决定最终采用哪个版本。
- 蓝绿部署：指一个版本的软件在升级的过程中，先部署新版本，等新版本经过验证没问题，再删除老版本。也就是说发布的过程和发布后短期内都有两个版本同时存在。

为了要做这些工作，势必会增加项目组的日常工作压力，因此，大家想出了一个好办法就是开发一些工具来以自动化的形式做这些工作。也正因为这样，自动化在 DevOps 概念下的重要性极大地提高了。同时为了实现这些工具，项目组往往会选择在开源工具的基础上做二次开发，或者借鉴现有开源工具的理念来做全新的工具开发。因为对工具的重视，出现了工具链的概念。

9.1.2 DevOps 工具链

DevOps 的工具链，指为了通过自动化来实现编译、测试、部署、发布等整条 pipeline 的工作而需要用到的一系列工具的集合。具体每个公司、每个项目都可能用到不同的工具，如果都列出来，有几十上百种工具。但是，我们可以从流水线的阶段来分析它要用到的工具有哪些。

举个例子，还是之前的那条流水线：软件代码进入某个特定分支→触发了一个流水线开始执行的请求→流水线开始执行→流水线把代码从仓库中取出→编译代码→执行单元测试→执行代码扫描→开始部署→创建部署用的测试环境→部署→执行集成测试→执行系统测试→销毁测试环境→结束

这里每个阶段都用到很多工具。比如 Git 用来存放软件源代码，Jenkins 用来执行流水线，编译的时候用到了 Maven，做单元测试的时候用到了 Junit，代码扫描用到了 Sonar，部署的话，

如果要部署到容器上，就要用到Docker。容器如果要编排就要用到Kubernetes，容器如果要安装到云上，就要用到云平台，执行集成测试可能要用到测试框架和脚本。而这些安装环境里的日志，又需要用到诸如ELK的日志收集和分析监控工具才能收集出来并做分析。这里的每一步操作都需要做到自动化，这样才能让项目组感受不到这些工具的存在。也就是说，把支持项目组实现DevOps的一系列自动化工具抽离出来，项目组在完成业务开发之余，花时间开发工具。也因此，有一些公司选择设置一些独立的DevOps小组，其实是DevOps工具开发小组。

9.1.3　DevOps时代下对测试的要求

在DevOps逐步流行起来的这个趋势下，测试人员需要做什么？首先，工具实在太多了，全部学会几乎可以说是不可能的。同时，完全不学也不行。因为DevOps需要用到的工具，在很多公司都还需要搭建、维护，而且不一定有专职人员来做。此时，测试人员会被要求去管理这些工具，或者至少，在测试环境下，是需要测试人员自己来管理这些工具的。也就是说，我们需要对这些工具有个大致的了解，然后在需要用到某个工具的时候，能够通过阅读官方文档快速上手。

同时，测试人员必须掌握一定的开发技能，这样才能参与这些工具的开发与维护工作。通过参与这些工作，进一步提高自己的技术水平，并且拓宽自己的职业发展路线。作为测试人员，本质上是技术人员，并不一定要把自己的工作范围局限在测试上。通过参与工具开发，学习更多的开发技术，然后在项目组中承担一部分的开发任务，这对于个人的技术路线发展是很有好处的。

一般来说，分三条线进行学习，以适应未来对测试人员的要求。从编程语言开始，到测试框架，再到测试工具，这是一条学习路线。另外一条路线就是熟悉一些常用工具，如git、Jenkins等，以及熟悉Linux操作系统的使用和脚本编写，学习这些常用工具，这样可以自己搭建和维护测试环境。还有一条线就是学习自己测试项目中的源代码，了解待测软件的内部实现。

9.2　测试技术演进方向展望

在DevOps趋势下，测试技术也会跟着急速发展起来，下面我们一起来展望一下测试技术的演进方向。

9.2.1　平台化

首先是平台化。在国内一些一线互联网公司的项目中，开发人员与专职测试人员的比例已经接近30：1，这样一个夸张的数字了。为什么能做到这么少的专职测试人员占比？因为他们引入了很多的工具，其中最流行的就是平台化的测试工具，也就是测试平台。平台化，也可以叫作服务化，因为测试成为一种服务，那么所有人都可以去调用这个服务。这个测试服务也会很快给出反馈，同时它还必须是可靠的。这样，通过平台化，把很大一部分测试工作交由开发来做，这也是实现DevOps理念的一种方式，通过让开发做得更多，而减少其他人员角色的占比，来达到项目组的人既能做开发，又能做测试，还能做运维这样的目标。

另外，平台和流水线的关系，取决于具体实现。可以是在平台里管理和调用流水线，也可以是在流水线里调用平台。比如，如果公司自研了完整的流水线系统，那么这个系统就看成是一个 DevOps 平台。如果公司采用 Jenkins 之类的开源工具来实现流水线，那么流水线里的测试步骤可以去调用测试平台做测试。

9.2.2 可视化

我们做到平台化之后，还有可视化。可视化有很多种维度，对于一条流水线来说，整个流水线都可视，知道现在流水线走到哪里了，还需要多少时间，测试通过了多少，这些都可以做成图表来实现可视化。对于要部署的项目来说，就是其部署过程中和运行过程中产生的日志都收集下来并且可以实时看到，出现的错误也都可以收集下来，有些还会把测试过程中待测系统产生的日志都收集下来。对于部署待测软件的服务器来说，则是去收集这个服务器的运行日志和状态。

除此之外，按照这个思路，很多数据和日志都可以收集下来，比如测试用例结果的通过情况和执行时间的日志，以便进行分析。除了对于一次部署做数据的收集、分析和展示以外，还可以做多个版本收集下来的数据的对比和分析。

值得注意的是，这些分析都是通过工具来分析，把数据转换成图表的。而还有一种思路就是用人工智能的方式去分析这些数据，这就是智能化。

9.2.3 智能化

软件测试的智能化，目前看来还只是一个设想。我们可以畅想一下，首先，测试结果的分析可能会被智能化。现在我们做自动化测试，都是需要人工分析测试结果，看看到底是软件 bug 还是测试脚本本身有问题。未来有可能由人工智能来分析测试结果，甚至通过分析运行的日志来给出发现的错误大致是什么原因引起的。还有一些公司研究了通过某种形式来自动化地生成用例和脚本。目前有些已经实现出来的，还是通过解析待测软件的接口文档来实现自动生成简单的接口测试用例。而在未来，研究这样自动生成更多的用例，也很可能是智能化的一个发展方向。现在的 DevOps 在未来可能变成 AIOps，在 DevOps 工具链所实现的流水线的各个步骤中，逐步开始有人工智能的参与，并一步一步变成由人工智能来主导整个流水线。当然，这些未来技术离我们可能还有很大的距离。对现在的项目组来说，先把平台化、可视化、“上云”等做好，已经十分不易了。测试人员在这个时间节点上，需要更坚定地朝技术方向钻研，才能适应未来的发展变化。